本丛书编委会

（以姓氏笔画为序）

给孩子的物理课

原来物理可以这样学

周昌寿　黄幼雄 ◎ 主编

本册主编 / 周昌寿

·物理学·

中国出版集团　现代出版社

图书在版编目（CIP）数据

原来物理可以这样学 / 周昌寿，黄幼雄主编 . -- 北京：现代出版社，2020.5（2022.4 重印）

ISBN 978-7-5143-8539-7

Ⅰ . ①原… Ⅱ . ①周… ②黄… Ⅲ . ①物理学—少儿读物 Ⅳ . ① 04-49

中国版本图书馆 CIP 数据核字（2020）第 070498 号

原来物理可以这样学

主　　编	周昌寿　黄幼雄
责任编辑	杜丙玉
策　　划	潘一苇
特约编辑	刘　会
排　　版	姚梅桂
封面设计	天下书装
出版发行	现代出版社
地　　址	北京市安定门外安华里 504 号
邮政编码	100011
电　　话	010-64267325　64245264（传真）
网　　址	www.1980xd.com
电子邮件	xiandai@vip.sina.com
印　　刷	北京联合互通彩色印刷有限公司
开　　本	710mm×1000mm　1/16
印　　张	27.5
字　　数	420 千字
版　　次	2020 年 5 月第 1 版　2022 年 4 月第 2 次印刷
书　　号	ISBN 978-7-5143-8539-7
定　　价	99.00 元

前言 PREFACE

　　《原来物理可以这样学》丛书分为《物理学》《物理学名人传》《物理现象与日常生活》3册，是专为儿童打造的物理学入门读物。

　　《物理学》和《物理学名人传》由著名教育家、翻译家周昌寿先生编撰而成，前者本是一部物理学教材，曾为无数儿童打开了通往物理学的大门；后者最初由商务印书馆出版，是"万有文库"的一本。在初版《物理学》的"编辑大意"中，周昌寿先生写道："本书所附问题……纯系儿童日常习见之事项，亦多数好学儿童所怀之疑问，无一题不重要，无一题不可由本书中之教材为之说明，并且无一题需要计算。"这样的编写理念，对于一本教材而言确是十分宝贵。作为率先将相对论、量子力学等国外重要的物理学理论介绍到国内的翻译家，周昌寿先生对国外古往今来的科学家也了解甚多，在《物理学名人传》中，他为我们介绍了古希腊至20世纪的一些重要的物理学家，并说明了编撰此书的出发点："科学名人，亦犹常人，并未拒人于千里之外。因人及物，未尝非认识科学之一捷径也。"换一句不大恰当的话说，周昌寿先生正是提倡我们"爱屋及乌"，通过了解科学家的生平，培养我们对科学知识的学习兴趣。

与《物理学》《物理学名人传》不同的是，《物理现象与日常生活》更加注重实用性，语言风格也更为活泼风趣，这两点从书中各小节的标题就能看出来，比如"怎样使水清洁""怎样保存食物""你的头上常常顶着200千克的重量""没有水会怎样""摩擦力可以不要吗"等。只要浏览一遍目录，读者就会迫不及待地翻到正文，为自己强烈的好奇心寻找归宿。

当然，时过境迁，这套书也免不了出现一些问题，如数据不够精确，所选事物已经过时，人名、地名、术语的译法老旧等。针对这些问题，我们在保持原书风貌的前提下，尽量按照今天的标准进行适当的修改或删减。即便如此，书中或许仍然存在一些讹误，或是原作本来如此，或是编者水平有限，未能察觉，如此等等，望读者明鉴，并提出宝贵的意见和建议！

目录 CONTENTS

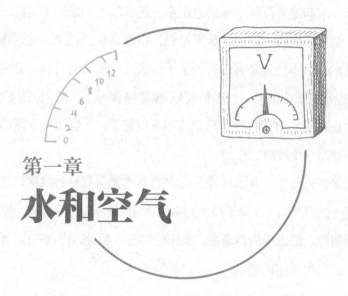

第一章

水和空气

水

由自来水管自行流出来的是水，从井里一桶一桶提起来的也是水，从云中一点一滴向地面降落下来的也是水，还有江河中滔滔不绝向下游陆续流去的，海里造成洪涛巨浪起伏无常的，也都是水。总之，地球表面上无一处没有水，只不过分量有多有少罢了。组成动植物的各种成分中，水分是最多，也是最重要的。一个健全的人，纵令绝食一个星期，也还不至于死，但若连水也不喝一口，只要一星期就不可救药了。游牧民族之所以要逐水草而居，就是这个缘故。

海水味咸，河水、井水味淡，山中的泉水又另有一种风味，这都由于水中含有不同杂质而来，算不得水的本性。纯粹的水，既没有味，也没有色，是完全透明的。都市中的自来水，虽和纯粹的水相近，仍含有少量的杂质，实验室或药房中所用的蒸馏水，才是纯粹的水。

物质

实验1.取试管一根，盛满水。取小玻璃杯两个，大小相等，其中一个盛满细砂。将试管用手握住，空玻璃杯放在试管下方，从管口徐徐将盛细沙杯内的沙，倾入管内水中，即见管内的水从管口溢出，流入下面空杯内。倾入水中的沙越多，溢出的水亦越多。全杯的沙倾完，空杯亦几乎被溢出的水盛满。

结论：试验管内为水填满，已无余处可容他物，水之所以溢出，正为腾出空处收容细沙所致，故溢出的水容积大致与沙相等。

如沙如水，能占有空间的一部分，并能由人类的感觉察知其存在的物件，通称物质（matter）。沙和水虽同为物质，但其性质则完全不同，所以物质也有许多的种类，例如木料、纸、粉笔、铁、玻璃、漆、布帛、肉、油等均为物质。

物体

一杯水和一试管的水，就物质而言，同是水，但就其位置、形状、大小等而言，彼此完全不同。像这种由物质的一部分聚集成有位置、大小、形状的物件，则特称物体；例如水为物质，一桶水、一碗水则为物体；铁和水为物质，铁锤、铁钉、小刀、桌、椅、门、窗等，则为物体。

固体和液体

铁锤、铁钉、小刀、桌、椅、门、窗等，大小和形状比较固定、质地比较坚硬的，称为固体。水在桶内则取桶形，在碗内则取碗形，其大小虽有一定，但形状则随容器变化的，称为液体。即液体只有一定的体积，而无一定的形状。

日常遇到的液体，除水之外，还有点煤油灯用的煤油、消毒或作燃料用的酒精、制造温度计或气压计使用的水银、写字用的墨水，以及日常食料中的豆油、花生油、酱油、醋、酒等。

长度

物体若是一个立方体，必须知道其各边有若干的长；物体若是一个球体，必须知道其半径的长，方能将它的体积计算出来。所以要比较物体的

大小，最紧要的工作是量度、长度。

长度单位通常采用国际单位制，为米（meter），用符号 m 表示。或将 1 米分作 100 厘米（cm），1 厘米分作 10 毫米（mm），或用米的千倍，称 1 千米（km）。

时间

和长度单位同样重要的，是时间的单位。在国际单位制中，时间的单位为秒（s）。常用的时间单位还有小时（h）、分钟（min）。1 日分作 24 小时，1 小时分作 60 分钟，1 分钟分作 60 秒。

质量

一桶水和一杯水，除却形状大小不等之外，还有轻重的不同，就拿一杯水和一杯沙来比较，形状大小虽然一样，轻重却大相悬殊。表示一个物体的轻重，称为它的质量（mass）。

国际单位制中，质量的单位为千克（kg），又称公斤。1 千克相当于 2 斤。又 4℃时 1 立方厘米的水的重量，恰为 1 克。

重力

推动物体，必须使力（force）。但树上的果实，成熟后与蒂脱离，自行落地；云中的水分，凝结成雨，自行降落地面。其他一切物体，假使没有别的物体支持，莫不如是。而发生此项落下运动的力，是由于地球对物体的吸引而产生的，叫作重力（gravity）。

密度

沙比水重，铁比沙重，这是我们所知道的。可是将一个铁钉、一碗沙、一桶水比较起来，轻重恰与此正相反对。所以单说"铁重水轻"，固觉语意不明，就说"铁比水重"，也还欠妥。在物理学上则取一个物体的重量对于同容积的水的重量的比，来表示这种轻重差别。这个比称密度（density）。例如铁的密度为 7.87 克 / 立方厘米，是说一块铁的重量，有同样大小的一杯水的重量的 7.87 倍。

压强

用针刺桌和用拳击桌，若所施的力相等，必觉针刺桌易破，拳击桌难穿。由此可见力所表现的效果，除力本身的大小之外，还要计算直接受到力的作用的部分，究竟有多大的面积，才能决定。以直接受到力的作用的面积，除作用的力，即得接触部分每单位面积上所受到的力，是为压强。就前例而言，针与桌接触的面积小，故其压强大；桌与拳接触的面积大，故其压强小。针能刺破而拳不能击穿，不过是压强的大小不同罢了。

液体内的压强

实验 2. 将一端附有漏斗的玻璃管弯曲成 U 形，如图 1a 内盛少许染色的液体，用橡皮薄膜将漏斗口封闭，用线缚紧，使不漏水，这样就制造成功一个压力计（manometer），将压力计垂直插入盛水的容器内，膜面受水的压力作用，即见两管中的液面有高低的差别。膜面入水越深，高低的差别越大。

实验 3. 将压力计的漏斗口，弯曲成种种不同的方向，如图 1 中的 a、b、c 等，插入水内实验，即见只要膜面是在水面下同一的深处，管内液面

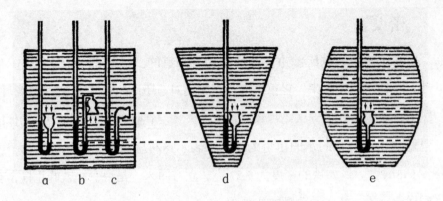

图 1　液体内的压强

所生的高低差别，总是相等的。

　　实验4.将压力计插入各种形状不同的容器内实验，如图1中的a、b、e等，只要容器内盛的都是水或其他同一种类的液体，并且膜面都在液面下同一的深处，管内液面的高差也相同。

　　实验5.取底部附有横管的玻璃圆筒一个，如图2，横管上装一个玻璃小瓶，瓶上有若干细孔，瓶口有管塞，可开可闭。盛水入筒令满，然后转开管塞，使水入瓶。即见各小孔均有水喷出，方向均和壁垂直。其中向上喷的水所能达到的高，大约和圆筒的水面的高相等。

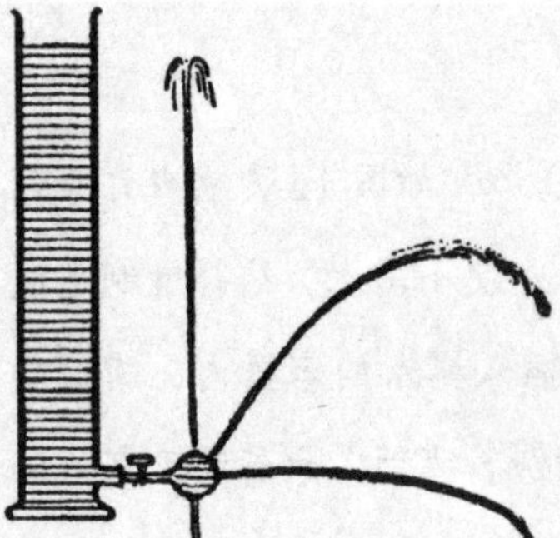

　　由上述各项实验，可得结论如下：液体内部任何一点所受的压强，和此点的深度成比例，并且对于各种方向，其值均相同，和盛液体的容器的形状大小无关。故欲表示液内任何一点的压强时，可通过此点作一水平面，在此平面上该点处单位面积所受的力，即此一点的压强。

图 2　液体压力各方相同

再就图 2 的圆筒而论，假定其横断面积为 a 平方厘米，水深 h 厘米，则筒内的水的全容积为 ah 立方厘米。1 立方厘米的水重 1 克，故全重为 ah 克。底面所受到的力，即由此重量而来，通称全压强（total pressure）。其单位面积上的力，即压强，则为 $\dfrac{ah}{a}$，即等于 h 克每平方厘米，即压强大小与水深有关。

阿基米德原理

实验 6. 用橡皮薄膜套在玻璃圆筒的口上，用线缚紧，倒插入水中，如图 3。手执瓶底由上压下，即觉有向上抵抗的力量。入水越深，抵抗越大，放手后圆筒即自行升上。

实验 7. 改在酒精或水银中实验，结果亦与前实验相同。

实验 8. 取盘下附有铜钩的天平一架，在此钩上悬一金属圆盒，盒下又有钩，再悬一金属圆柱，如将柱放入盒内，恰好填满不留余地。在天平的另一端盘内加适宜砝码，使杆成水平。然后以玻璃杯套在圆柱外，如图 4，杯口较柱略高，倾水入杯使圆柱全体浸在水内为度，即见天平杆向着盛砝码的一端逐渐倾下，圆柱入水越多，倾下的程度越增。到得全部入水以后，倾斜的程度亦成为一定。再倾水入空盒内，天平的倾斜随之减少。到得盒内水满，天平也就恢复原来的水平位置。

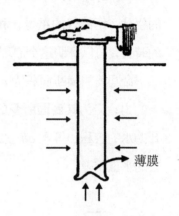

图 3　水的上压力

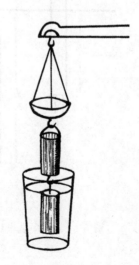

图 4　阿基米德原理

实验9.另取酒精、煤油等代替上实验中的水，做同样的实验。结果天平倾斜的程度，虽各有差别，但盒内盛满同液体后，同样恢复水平的位置。

结论：一切物体浸在液体内，均受有向上方的力作用。实验6中薄膜的凹陷，实验8铜柱的减轻，均其明证。由实验8知所减轻的重，即等于与此物体同一容积的液重。

上述的结果，即阿基米德原理（Archimedes principle）。凡浸在液体内的物体，所减轻的重量，和此物体所排去的液体的重量相等。利用实验6的装置，可以证明这个原理。

命圆筒的横断面积为 a 平方厘米，沉入水面下 h 厘米，此时所受的向上的力，应为其底面所受的全部压力，即等于 ah 克。而一方面物体所排开的水的容积，等于 ah 立方厘米，其重量为 ah 克。故向上方的压力与排去的水重相等。

如圆柱全部没入水面下，如图5（b），命其上端的深度为 h_1 厘米，下端的深度为 h_2 厘米。此时上端所受的向下的力，等于 ah_1 克，下端所受的向上力，等于 ah_2 克。两者相抵后尚余 $a(h_2-h_1)$ 克的力，向上方作用。就其排去的水而论，此部分的容积，应等于 $a(h_2-h_1)$ 立方厘米，即重 $a(h_2-h_1)$ 克。故向上的压力，仍与排去的水重相等。

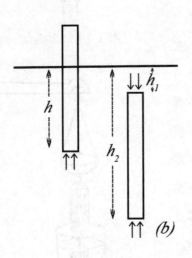

图5　阿基米德原理的说明

浮力

上节所述在水内的物体，受向上的力作用，力的大小和此物体所排出的水重相等，这个力通称浮力（buoyancy）。比重大于 1 的物体，其本身的重量较其排出的水重为大，即重力大于浮力，所以在水内仍能沉下；比重等于 1 的物体，其重量和排出的水重相等，即重力等于浮力，所以在水内任何处所均能静止；比重小于 1 的物体，重量较排出的水重为小，即浮力大于重力，所以不能全部沉入水面下，而有一部分浮起。凡浮起的物体，其在水面下的一部分所排出的水重，即等于此物的全重。

密度的测定

利用阿基米德原理，求固体的密度极易。第一先量物体在水外时的重量，次求其在水内时的重量，入水后减轻的重量，和物体同容积的水重量相等，减去除物体在水外时的原重，即得其密度。

测液体的密度，以用图 6 所示的密度瓶为便。先用此瓶盛满欲测的液体，量其重量，次换水再量一次，最后量空瓶一次。由盛液体时的重量减瓶重，得一定容积的液重，由盛水时的重量减瓶重，得同一容积的水重。以水重除液重，即得密度。

图 6　密度瓶

空气的存在

实验 10. 将一个空玻璃杯倒转过来，使杯口向下放入水中，从上用力压下，水虽进入杯内一部分，但大部分仍旧空着。如将杯斜向一边，使杯口有一部分露出水面上，即见全部均被水充满。

结论：杯水不能占有的空处，是空气占领着的。此项空气如得一出路，能升上水面，杯内的空处即由水来代替充满。

地球的周围全部由空气笼罩着，就是离地面百里以上以及地下很深的处所，都有空气的存在。空气和动植物的生命具有密切的关系。普通的动植物离开了水分，固然不能生存，离了空气，死得更快。人类断食可活七八星期，断水只能活一星期，这是我们已经说过的。假如断了空气，只要一两分钟就足以致命。

空气的重量

实验 11. 将一个用旧了的电灯泡在天平上量出重量，然后就在天平的盘内，将其尖端钳断，放空气入内，再测量其重量，即见重量比先前增加。

实验 12. 用一个圆底玻璃瓶，内盛水约 30 立方厘米，瓶塞插一根玻璃管，管塞接触处，烧点火漆涂一下，管的上端接一小段橡皮管，橡皮管上备一个金属夹，如图 7，自下方加热，煮水令沸，瓶内水面上原有的空气，随着水蒸汽一同由上端管口逸出瓶外。如是数分钟后，取去下面的火，同时用金属夹 M 将橡皮管夹紧令其冷却，在天平上将其重量量出。然后放开 M，放入空气，再量一次，多出的重量即瓶内空气的重量。再用量杯将瓶内所余的水的容积量出，其次用水充满瓶内，再用量杯量其容积，此两者的差即瓶内空气的容积。

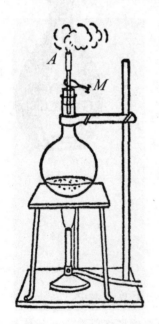

图 7 空气的重量

结论：空气虽轻，却有一定重量。

空气既能占有空间，又有一定的重量，所以是一种物质。这种物质不但和水一样，没有一定的形状，也没有一定的容积。这样的物质，称为气体（gas）。气体物质除空气之外，还有装氢气球用的氢气（hydrogen）、供动物呼吸和燃烧物体用的氧气（oxygen）、水沸后变成的水蒸汽（steam）、口中吐出的二氧化碳（carbon dioxide），这些都是常见的气体。

大气的压力

包围着地球的空气全体称为大气（atmosphere）。空气的重量虽小，但大气既有那样高，所以全体的重量，也就大有可观。地面上受到这种由大气的重量而来的压力，称为大气的压力（atmospheric pressure）或简称大气压。

实验 13. 用长约 1 米的一条玻璃管，一端密封，内盛满水银，用手指封口，如图 8 的 C。然后将管倒转，使管底在上垂直插入水银盆内。等管口入水银面后，再将封住管口的手指放开，即见管内的水银自行降下至 A，留下 AE 的一部分，既无水银，又无空气，成为真空。由管内水银的顶点 A 至管外水银面的垂直距离约等于 76 厘米。玻璃管就取倾斜的位置，如图 9，这

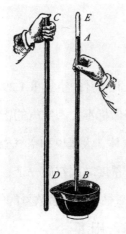
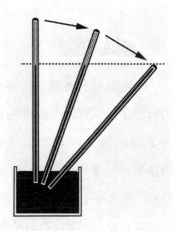

图 8　托里拆利实验　　图 9　管内水银面的高度和管的倾斜度无关

个垂直距离仍是 76 厘米，并不减少。

结论：管内的 AE 一部分，既为真空，当然没有压力作用。此时水银柱不上升，也不下降，即表明水银面在同一水平面时，所受的压力相等。管内水面所受的压力，为高 76 厘米水银柱的重力，所以管外水银面所受的大气压力，也就等于高 76 厘米水银柱的重力。

上面的实验称为托里拆利实验（Torricelli's experiment），管顶的真空即称为托里拆利真空（Torricelli's vacuum）。由此可以证实大气的压力，又可以量度出大气压力约等于高 76 厘米的水银柱的重力。

大气压标准

用托里拆利的实验，去量度各处的气压，不仅不能得到同一数值，就是在同一地点，其值也随时不同。通常将 0 摄氏度时高 76 厘米水银柱的重力定为标准大气压（standard atmospheric pressure）。有时用此标准大气压，作为量度通常压力的单位，称为"一个大气压"。譬如，火车的锅炉内的水蒸气的压力有 5 个大气压，即是说其单位面积上所受的压力，等于高 380 厘米的水银柱的重量。

气体的比重

由实验 12 的结果，量得 0 摄氏度标准大气压时 1 升的空气重 1.29 克。所以若是仿照固体液体的例子，用同容积的水来做标准，则空气的密度应等于 0.00129，为数太小，不便想象。其他各种气体，大概也和空气相近。所以表示气体的密度，通常就用空气来做标准。量度时用空瓶一个，先盛空气，在天平上量出重量。再用抽气机将瓶内空气抽尽，改装欲量的气体，再量其重量。用第一次的结果除第二次的结果，即得比重。

大气的浮力

实验14. 将一个木球和等重的砝码各悬于天平的一端，使天平的横杆成为水平。然后用一个玻璃钟罩，连天平带物体全部盖住，从下面用抽气机将罩内的空气抽去，如图10，即见天平向木球的一方倾下。再放入空气，天平又恢复原有的水平位置。

图10　大气的浮力

结论：在真空中木球的一端倾下，表示木球实较砝码为重。在空气中木球得与砝码等重，是木球受了一种向上的力的作用，所以重量减轻。

地球的表面上，无处没有空气存在，所以一切物体，无一不受空气的影响，而得一个向上的力的作用，结果使其重量轻。更据精密的量度，知所减轻的重量，即等于和物体同容积的空气的重量。换句话说，阿基米德的原理，对于在空气中的物体也一样有效。空气赋予物体向上的力，就是空气的浮力。氢气球就是利用这个原理，以一个庞大的囊，内盛氢气，因其比重小，故能浮起。飞艇的构造也是这样，囊形如一个橄榄，前面装有推进器，可向任意方向进行。

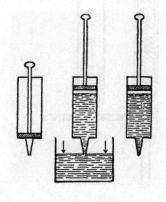

图11　水枪或注射器的作用

水枪或注射器

大气压力的应用最多，玩具中的水枪和护士打针用的注射器是最简单的。构造如图11，主要部分为圆筒、活塞，活塞嵌在筒内极紧，但可沿筒上下而不漏气。用时先将活塞直压到筒底，如图的左方，再将下端尖处插入水面下。抽

出活塞，大气压力作用于水面上将水逼入筒内活塞下方空处。提出水外后，如活塞的位置不动，筒内的水受下面的大气压力作用，仍留在筒内。如将活塞压下，筒内的水也就自下方尖端处流出。

抽水机

抽水机又名"水泵"，也由活塞和圆筒而成，如图12，但其筒底有一根长管BA，通到水源的水面下，又有一根侧管DF，通到用水的处所。两管均有一个活动的门户，可开可闭，通称活塞（valve）。B处的活塞只能向上开，D处的活塞只能向外开。提上活塞，塞底几成真空，筒内的压力远在外面大气压力以下，故水将B处活塞逼开，流入筒内。同时D处活塞被外面大气压力逼闭，水不能出筒，逐步充满筒内。活塞降下时，筒内的压力加大，筒外依然是大气压力，于是B处活塞受逼而闭，D处活塞受逼而开，筒内塞下的水，遂由D送至用水处。

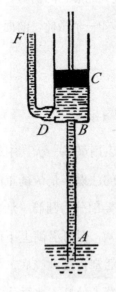

图 12　水泵

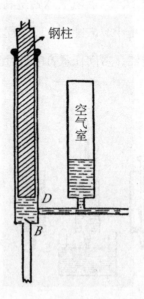

图 13　活塞泵

使水源处的水经 *AB* 升入筒内，完全由于大气压力。通常的大气压力等于高 76 厘米的水银柱的重量。假使 *AB* 过长，其对于下面的压力，超过此数，水即无法升入筒内，泵当然失效。按水银的密度为 13.6，故高 76 厘米的水银柱的重量，和高 1033.6 厘米的水柱的重量相等。所以理论上 *AB* 的长不能超过此数，实用上至多只能到 8 米。至于 *FD* 的长，则可随活塞的压力增多。

图 13 为活塞泵（plunger pump），用一条钢柱来代替活塞，并在侧管中途加装一个空气室（air chamber）。钢柱降下时，*D* 开 *B* 闭，水的一部分流入空气室，室内密闭着的空气，受压缩小，另一部分的水，就由侧管流出。钢柱升上时，*D* 被压闭，室内空气膨胀结果，又将水逼向侧管流出，故可得连续不断的水，消防泵即用此理造成。

虹吸管

实验 15. 用一段橡皮管盛满水，用手指按住两端，将 *C* 端插入器内水面下，另一端 *A* 放在器外，其位置较盆的底面更低，如图 14。放开两指，即见器中的水经管陆续由 *A* 流出，直到流尽始行停止。

图 14 所示的曲管 *ABC*，通称虹吸管（siphon），又名过山龙，也是大气压力的一种应用。就 *FGH* 水平面而论，各点所受的压力应相等，再就 *A* 点而言，向上方的力只有大气压力，向下方的力却比 *G* 点的压力还多了 *AG* 一段的水柱的重量。所以上下两力抵消外，还剩下由 *AG* 水柱而来的压力，向下方作用。于是 *AG* 这一段的水，遂向下落。盆内水面上的大气压力，又逼水升入管内，补充空出的地方，结果水即由 *A* 流出不绝。

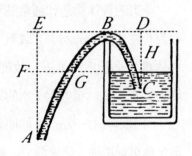

图 14　虹吸管

抽气机

抽去容器内的空气时使用的器械，称为抽气机，又名空气泵。构造和水泵一样，如图15，共有两个活塞，一个装在活塞底，如 *A*；一个装在筒底，如 *B*。当活塞被提向上时，*AB* 间成真空，罩内的空气将 *B* 冲开，进入筒内。当活塞降下时，筒内的空气将 *A* 冲开，由筒上逸出外面。这样往复数遍，罩内空气逐渐抽尽。

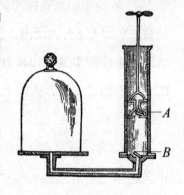

图15　抽气机

压缩泵

如将前图15中的 *AB* 两活塞均装在相反的方向，即 *AB* 都只能向下开，那么，活塞上下运动时，外面的空气转而被压进筒内，这样的装置，称为压缩泵（compressed air pump），又名打气筒。欲使自行车、汽车等的橡皮胎和皮球、足球等内部充满受压空气，就要用这种泵。还有铁匠的风箱，也是由同一原理造成的。

鱼鳔和潜水艇

鱼类的身体构造和通常陆地上的动物略有不同。其内脏多一个气囊，称为鱼鳔（fish sound）。鼓气入内，全体容积随之增大，密度减小，直至鱼体重力小于水的浮力，故能浮起。如泄气于外，使其体积减小、密度增大，直至鱼体重力大于水的浮力，故能下沉。

潜水艇（submarine）的原理，亦与此同。艇中有空气室，灌水其中，则全体重量增加，超过浮力，故即沉下；引入受压空气，将室内的水驱出，全体重量随之减小，故能浮出水面。

本章摘

1. 水为地球上最普遍的一种物质，随处可见，但纯粹的水只有实验室中方能得到。

2. 物质必占有空间，并可由感觉认知其存在。

3. 物体系物质的一个有限部分，具有大小和形状。

4. 固体有一定的大小和形状。

5. 液体有一定的容积而无一定的形状。

6. 气体既无一定的形状，又无一定的容积。

7. 长度、时间和重量三者是量度各种量的基础量。

8. 力是推动物体的原因。

9. 重力是物体所受的地心引力。

10. 密度是一个物体的重量对于同容积的水重的比。

11. 压力是受力部分的面积上每单位面积所受的力。

12. 液体内一点所受的压力与深度成正比。

13. 阿基米德原理是说一个物体在液体内减轻的重量，等于与此物体同容积的液重，此项减轻的重量，就是浮力。

14. 空气笼罩着地球，也是一种物质，所以也有重量。

15. 大气是地球周围的空气的全体，大气的压力就是地球表面每单位面积上所受到的大气的重量，其值随时随地略异。

16. 标准大气压是 0℃ 水银柱高 76 厘米时的大气压力。

17. 一大气压是表示压力的一种单位，等于 0℃，底面积 1 平方厘米、高 76 厘米的水银柱的重量。

18. 气体的比重是各种气体与同容积的空气的重量的比。

19. 大气的浮力（也可用阿基米德原理说明）等于各物体同容积的空气的重量。

20. 虹吸管、水枪、注射器、泵等都是利用大气的压力的装置。

21. 气球、飞艇、鱼鳔、潜水艇等都是利用大气的浮力的装置。

问题

1. 用升、斗量米、豆等，结果随量时的情形略有不同。但用杯量水则无些微差别，是什么缘故？

2. 茶壶的嘴和盖差不多同样高，是何理由？

3. 茶壶内的茶水不容易倒出来的时候，只要将盖略微掀开，水出即畅，是何缘故？

4. 开罐头牛奶，一定要两个洞，方能将牛奶倒出。但由热水瓶倾水出外时，瓶口只有一个洞，为何有此差别？

5. 橡皮车胎或水袋等类发生破孔时，只要将水盛入，用力一压，即见水由破处喷出，是何缘故？

6. 铁比水重，所以铁块入水即沉，何以用铁造成的轮船又能浮在水上？

7. 将鸡蛋放入清水中，立即沉下，再撒食盐于水内，即见鸡蛋从水底渐渐浮起，试言其故。

8. 习游泳的人，均觉在海中比在淡水中容易浮起，是什么缘故？

9. 人在溺水死亡之前必定连吐许多气泡，而溺水死亡后的尸体又必浮起，是什么缘故？

10. 轮船上为旅客的安全起见，除备有救生艇外，还有许多救生圈、救生带，这两种工具有什么作用？

11. 用一个玻璃杯盛满水，在天平上量其重量，然后将杯取出放在桌子上，从杯口放一个小木块，使其浮在杯内水上。再将此杯放在天平上去量其重量。前后两次所得的结果如何，理由是什么？

12. 相传从前有人将象载在船上，就能将象的重量量出，是怎样的量法？现在的轮船外底漆有许多的数字，有什么用处？

13. 用铁制成两个半球，可分可合，是为马德堡半球。先使两个半球密合，不令透气，再用抽气机将球内空气抽去，无论如何用力，也不能将两个半球分开。但若导入空气，只须加以少许的力便立即分开，是何缘故？

14. 大气压力对于每平方寸上有 15 斤。我们身体无论哪一部分，都受有这样大的压力作用，何以丝毫不觉得苦痛？

15. 稻麦的秆内部都是空的，受了外面的大气压力作用，为何还能维持原状？

16. 知道水的密度为 13.6，用水来代替水银做托里拆利的实验，管内外的水面相差若干厘米？

17. 手掌的周围，肉比较厚，将茶杯的底用力贴在这一部分上，然后徐徐转移到掌心，再将手掌撑开，茶杯即被掌心吸住，虽令掌心向下，杯亦不落，是何缘故？

18. 将软皮剪成圆形，在其中心缝上一条带子，将皮浸入水内，令其全体湿透，然后将皮取出，用力贴在石块上，不令其透气，提带则石块亦连带提起，是何缘故？

19. 漏了气的皮球不成球形，异常松软。欲使其恢复原状，当用何法？

20. 点眼药用的玻璃管上，有一个软橡皮囊。用时先将囊压瘪，再将玻璃管放入药水内，然后放手，囊恢复原形，同时药水自行吸入管内，任持至何处，药水均不流出。欲使药水入眼，又需用力压囊，是何缘故？

21. 我们呼吸时，必见胸腔时而收缩时而扩大，是什么缘故？

22. 小孩儿玩具中的气球，充入氢气方能升高，吹入我们口中所吐出的气，不但不升，反而下降，是什么缘故？

23. 用玻璃杯盛满水，上加洋纸一张。大约与杯口相等，用手掌压纸，使其与杯口贴紧，将杯连掌一同颠倒，然后取去手掌，纸既不落下，杯内的水也不流出，是何缘故？

24. 选择罐头食品，首取形状凹陷的，次取形状整齐的，至于有隆起部分的大都无人过问，是何缘故？

25. 用泵引水，如水面在地面下 8 米以上，当用何法？

26. 氢气球开始升起时，气囊内只能盛一部分氢气，不可过满，否则即有危险，是何缘故？又当气球升起时，最初甚快，越高越减慢，最后达到一定高度，不复再上，是何缘故？如欲再上，须用何法？又当氢气球既达其最高处后，如欲降下，又将如何？

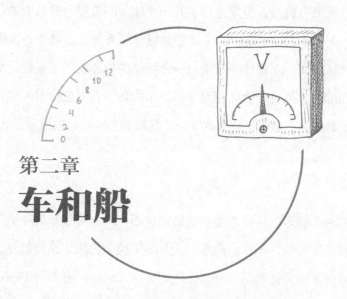

第二章

车和船

车的行动

我们用来代步的车，当其行动中，其位置随时都在变。就是空中飞着的鸟、水里游着的鱼，也是这样。凡一个物体的位置与时共变的状态，称为运动（motion）。宇宙中的一切物体每时每刻都在运动着，没有绝对静止的物体。如果一个物体相对于另一个物体的位置发生了变化，那么前者就是运动的。如果一个物体相对于另一个物体没有发生位置的变化，那么前者就是静止的。墙壁上悬着的字画，以墙为参照物，它就是静止的。

速度

车的种类颇多，其位置变更的情形也不一样。黄包车的变更位置最为迟缓，脚踏车较快，电车、汽车、火车等更快。为决定快慢起见，通常取单位时间内车所经过的路程来作比较的标准，通称"速率"（speed）。譬如黄包车每小时经过8000米的路程，它的速率为8000米每小时。脚踏车的速率约12000米每小时，火车的速率约30000米每小时。

又如由上海开往南京的火车，和开往杭州的火车，虽然同样每小时可经过30000米，可是它们变更的位置完全不同。要表明其间的差别，除速率之外，还得加上位置变更的方向。有了方向和速率，就不难从开始时的位置将最后所到达的位置寻出。像这样连速率和方向一并计算的量，就是通常所说的速度（velocity）。就前例而言，由上海开往南京和杭州的火车，方向既不相同，速度自然也不一样，所以虽有同一的速率，而位置的变更则异。

匀速运动

火车在一条直线轨道上单向运动时，如其速率不变，则其速度亦不变。这样的运动，称为匀速运动（uniform motion）。如虽在直线轨道运动，但速率随时不同，则其速度当然也不相同。或速率虽不变，但轨道不直而曲，则其速度都与前有异，这样的运动，称为变速度运动（motion of varying velocity）。例如由车站开出去的火车，越行越快；进入车站的火车，越行越慢；转弯上坡下坡时的速度，因为方向不同，所以都是变速度运动。

加速度

由高处自由坠落的物体，经历的时间越久，所得的速度也越大。此时方向虽然没有变更，可是速度却无时无刻不在变化，故每瞬时的速度，总比前一瞬间大些。据量度的结果，每隔1秒所增加的速度是一个常数，等于9.8米/秒。此项增加的速度，通称加速度（acceleration）。凡有加速度的运动，称为加速运动（accelerated motion）。像自由落下的物体，每秒所得的加速度，都是相等的运动，称为匀加速运动（uniformly accelerated motion）。加速度的单位，为米每平方秒（m/s²）。故自由落下的物体的加速度，等于9.8米/平方秒。

做加速度运动的物体在某一瞬时所具有的速度，是假定其能保持现有的速度而做等速度运动，则其每秒所能通过的路程，即在此一瞬时的速度。通常车类的速度均指此。

加速度和力

黄包车的开动，由于车夫的牵引；火车的开动，由于蒸汽的牵引；牵引的力作用越久，车的速度越快。假如停止了牵引的力，其速度也就逐渐减小至于 0。一切物体受力的作用后，即得一个加速度，改变其原有的运动状态，即变更其速度。车未开动以前，原有的速度等于 0，因受牵引力作用，得一个加速度，其速度遂由 0 而达到一定值，理想上应以此速度一往直前，进行不已。事实上车轮与地面间有摩擦作用，车体在空气中进行，又须受空气的阻碍，所以有一个相反方向的加速度，加入原有的速度，结果遂使其速度逐渐减小而至于 0。

动量

物体受力的作用后，虽得一个加速度，以改变其原有的运动状况，但同一个力作用于不同的物体上，速度的改变是否相等，还要看物体的轻重而定。譬如用同一个力踢质量相同的两个足球，固然可得同样的速度。但若一个足球内装满了沙，另一个仍旧充满空气，用相同的力踢出去，所得的速度当然大有区别。所以单用加速度，实不足以将力的大小测出。倒不如将所得的速度及此物体的质量一并加以考虑，更为适当。通常即以一个物体的速度和质量的乘积，称为此物体的动量（momentum）。不受力作用的物体，其动量亦不变。

地心引力

自由落下的物体，每秒必增加 9.8 米的速度，其动量越久越大。此项增加，非受力作用不可。这个力就是地心引力（attraction of earth）。其每秒增加的 9.8 米的速度，也就由此重力而来，所以 9.8 米 / 平方秒又称为重力加速度（acceleration of gravity）。

重心

一切物体都受地心引力作用，任其自由，必沿垂直方向向地面落下。此时如用一条线系住物体上适宜的一点，或用一个针尖从物体下面顶住均可使其静止不动。并且这样决定的上下两点，恰在一条垂直线上。再就物体上的一小部分而论，亦同样的可以寻觅出此项支点，只要在此支点上用力支住，这一小部分也就不致于落下。对于其他各部，都是这样。是则各小部分所受的动力，虽则均限在各小部分上的各一定点，但其作用的结果和作用于整个物体上的重力完全一样。这个整个的单独重力作用的一点，通称此物体的重心（center of gravity）。譬如欲知一块木板的重心，只要先用绳悬其一点，静止后沿绳画一条垂直线，然后换一点同样再得到一条垂直线，此两直线的交点即木板的重心。

合力

前节所述一个物体上各小部分所受的重力的总和，恰等于此整个物体所受的重力。此项关系并不限于互相平行的重力，就是任意方向作用的数力，也和一个适当的单独的力相等。

实验 16. 用一根横杆，上装两个滑轮，如图 16。用一条线从两个滑轮上跨过，再在中间一点 O 结一条支线。在原线的两端和支线的尾端，各悬相当的砝码，如 P、Q、R，使其静止不动。在线后立一块木板，将各线的方向画下，并从 O 点起量取 OA、OB、OC 三线

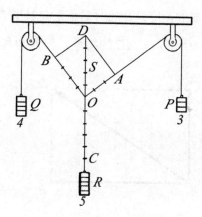

图 16 合力的实验

段，使与砝码 *P*、*Q*、*R* 成正比例。再从 *A*、*B* 两点引 *AD* 与 *OB* 平行、*BD* 与 *OA* 平行，造成平行四边形 *OADB*。画对角线 *OD*，即见 *OC* 和 *OD* 在同一直线上，且大小相等。

结论：命 *OD* 所代表的力为 *S*，假定 *O* 点未受 *A*、*B* 两力，仅受 *R*、*S* 两力作用，因一向上，一向下，大小又相等，所以 *O* 点静止不动，和 *O* 点受原有的 *P*、*Q*、*R*，三力作用时相同。可知 *S* 的作用和 *P*、*Q* 两力的作用相同。

凡是一个力的作用和两个力的作用相同时，此单独的一个力，如图 16 的 *S*，称为此两力 *P*、*Q* 的合力（resultant force）；而 *P*、*Q* 则称为 *S* 的分力（component force）。以两个分力表示一个平行四边形的两边，则其对角线表示两个分力的合力。此关系称为平行四边形定则（law of parallelogram）。

船的运动

船在河里行驶，又和车在陆地上行驶不同。除船自身的速度外，还要受风力或河流的影响。所以开船时虽正向对岸的一点，但到对岸时，已非此一点而为下流地方上的一点。如图 17，*AB* 表示船的速度，*AC* 表示河流的速度，开船时船头正向对岸 *DB* 的 *B* 点，但到达时则在另外的 *D* 点，*AD* 和 *AB*、*AC* 的关系，与合力和分力的关系完全相同。即用 *AB*、*AC* 造成一个平行四边形，那么其对角线就是 *AD*。仿照分力合力的例子，*AB*、*AC* 称为分速度（component velocity），*AD* 称为合速度（resultant velocity）。

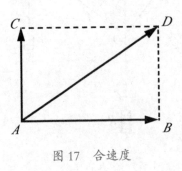

图 17　合速度

船受风力的作用，亦与此同，帆船就是利用风力行驶的，并且同一方向吹

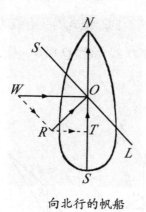 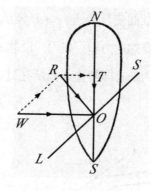

向北行的帆船　　　　　　　　向南行的帆船

图 18　帆船的行驶

来的风，对于来去的船只有时可利用。设一艘帆船欲向北行，如图 18 左图 *ON* 表示船的方向，所受的风为西风，即 *WO*、*SOL* 表示帆的位置。如将 *WO* 分解成两个分速度，一个为 *WR*，与帆平行，一个为 *RO*，与帆垂直，平行的分速度和船的进行无关，仅余垂直分速度推帆向东北方向进行。这个速度又可再分解成两个分速度，一个为 *RT*，和船身垂直，其效应在使船体偏向东方，而与其进行无关；一个为 *TO* 和船身平行，其效应在使船身向北前进。对于欲向南行的船，如图 18 右图，可由同一个西方而来的 *WO* 速度，分解成 *WR* 及 *RO*，再将 *RO* 分解成 *RT* 和 *TO*，前者使船身偏向东方，后者使船身向南前进。

纸鸢

纸鸢在空中飞扬，其道理也和帆相似。空中常有气流，不问向何种方向，吹到纸鸢上，只有和纸面成垂直的分力发生作用，其他的分力，则沿纸鸢面流过无阻。如图 19，*AB* 表示纸鸢面，风以速度 v 吹来，分解成 w 和 u 两个分速度，u 和纸面平行可以自由通过，只剩余 w 的分速度，垂直作用于纸面使其前进。命 P 表示此方向的力，同时纸鸢尚受有线的张力 T 和其本身的重力 Q，如丙。设此 P 和 T 的合力 R，恰和 Q 相等，且正向上，如丁，则纸鸢即静止于其所在处，不上亦不下。

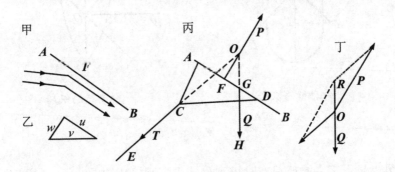

图 19　纸鸢的飞扬

推进器

　　轮船的行驶，由于推进器的转动。推进器装在船后，例如用蒸汽力使其转动，船即前进。推进器的原理和玩具中竹蜻蜓的飞起完全相同。竹蜻蜓是一条细竹竿，一端装有横板，如图 20 所示，用两手搓竹竿，使其转动，全体即径向上升起。因

图 20　竹蜻蜓

横板转动而生风力，转越急力越大，超过竹蜻蜓的重量，所以升起。轮船上的推进器则在水内转动，引起水力推船前进。

飞机及其原理

　　飞机原为交通利器，但自欧战以来，凡军事上的侦察、轰炸、战斗等

任务，都由飞机担任，故一个国
家航空事业的进步，与本国的国
防有连带的关系。

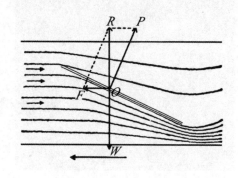

图 21　飞机的原理

　　飞机左右有庞大的翼面，前
方装一个推进器，用发动机使其
转动，使机体前进，假定其前进
的方向系向左方，如图 21 箭头所
指的方向。此时的气流系由左方
吹来，从翼底掠过，其状况和纸鸢受风时相同。因此机体得到一个和翼面
垂直的分力 OP 作用。同时因推进器的转动，得到一个向左的力 OF 作用，
和纸鸢所受的由线而来的引力相同。此两力的合力 OR，垂直向上，恰与
机体的重力 OW，方向相反。如 OR ＝ OW，机体即可浮在空中，不致落下。
如再增加推进器的转动速度，则 OF、OP 均随着加大，结果合力 OR 亦不
得不较 OW 为大，于是机体遂向上方升起。

本章摘要

1. 运动是说物体的位置与时共变。

2. 速率是说物体每单位时间内所经过的路程。

3. 速度是说物体运动的方向和单位时间内通过的路程。

4. 等速度运动是方向和速率都不变化的运动。

5. 加速度是变速运动的物体每单位时间所增加的速度。

6. 等加速度运动是说加速度不变的运动。

7. 落体的运动是一种等加速度运动，其加速度等于 9.8 米 / 平方秒，此项加速度又称为重力加速度。

8. 做加速度运动的物体在某一瞬时所有的速度，是假定此物体能保持其在此一瞬时现有的速度而做等速度运动时，其一秒所能进行的路程。

9. 发生加速度的原因是力的作用。

10. 动量是物体的重量和速度的乘积，凡不受力作用的物体，其动量不变。

11. 重心是作用于整个物体上的重力作用的点，亦即作用于其各小部分上的各个重力的合力作用的点。

12. 平行四边形定律是由分力求合力的方法，分力为平行四边形的两邻边，合力为其对角线。

13. 纸鸢、飞机等的飞翔全赖风力支持其重量。

问题

1. 快速奔跑的人向前面跳时，跳得特别远，是什么缘故？

2. 演马戏的人在马背上翻跟头，落下来仍旧在马背上，是什么缘故？

3. 坐在汽车上的人用和汽车相等的速度将一个皮球抛出，假使抛出的方向正向前方，结果如何？抛向后方又如何？抛向侧面又如何？

4. 掌上承石做上下的运动，感觉轻重不同，是何缘故？

5. 果实成熟自然落地，是何理由？

6. 山上的树木并不与山坡的地面垂直，是什么缘故？

7. 一个人手捧托盘，内放重物，如此重物突然为他人取去，即见捧盘的人将空盘举向上若干距离方能停止，是何缘故？

8. 船向对岸沿垂直方向以 1.3 米 / 秒的速度驶去，河流的速度为 1 米每秒，求船行的方向和速。

9. 帆船逆风亦可前进，是何缘故？

10. 在池中或海边游泳比较安全，在河中则难，且甚危险，是何缘故？

11. 枪弹在空中飞行，何以会落下？

12. 骑在马上的人，用枪瞄准路旁的目标，当马沿路飞跑而过时，须如何瞄准，才能射中目标？

13. 由地面向上抛起的物体何以仍落在原处？

14. 乘坐轮船的人，当船行进时，假如将一个物体向上抛起，是否仍

旧落在原处，什么道理？

15. 由远处抛来的皮球，可以用手捉住，何以由空中飞来的枪弹，不能用手去捉？

16. 古语说"强弩之末，不能穿鲁缟"，试用现在的物理学知识解释理由。

17. 在钢丝或软绳上行走的人何以不会落下？又何以要撑伞？

18. 左手提重物的人，何以头要偏向右边？

19. 猫何以能缘壁而上，人何以不能？

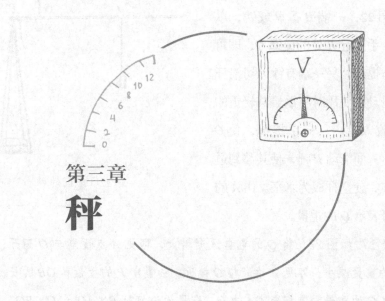

第三章

秤

秤

我国日常量物用的秤，是一条木杆，如图 22，一端 B 备盘或钩，以便载物。手执近 B 处的提绳 O，即可将秤全体提起。另一端有锤 P 可沿杆上任意滑动。使用时将欲量其轻重的物体 Q 放入盘内，一手提绳，使 O 点不动，一面滑动 P 锤，使其移到适宜的 A 点，使全杆成为水平。由 A 的位置即可表示 Q 的重量。

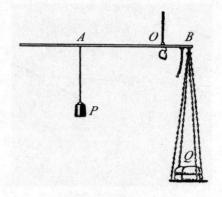

图 22 中国的秤

实验 17. 如图 22，将 Q 的重量逐渐增大，即见 A 点逐渐与 O 离开；次将 Q 的重量减小，即见 A 逐渐与 O 接近。如量出 P 的重量和 OB 的长，以及每次 Q 的重量和其相应 OA 的长，即见无论何时 $P \times AO = Q \times BO$。

如秤上不止一条提绳，则换用各条，——照实验 17 的方法做实验，即见提绳越近 B 端，OA 的距离所代表的重量越大。不过任用何条提绳，仍见 $P \times AO = Q \times BO$。

结论：不问物体的轻重如何，提绳与悬盘中心的垂直距离如何，都能满足 $P \times AO = Q \times BO$ 的关系。

手执提绳，则杆上的 O 点位置一定。此时杆上其他各点，除绕 O 点转动之外，不能做其他任何运动。转动有两种方向，一种和钟表上的针的运动方向相同的，称为顺时针（clockwise），一种和它相反的，称为逆时针（counter clockwise）。盘内所放物体的重量，在使杆做顺时针的转动，而锤的重量，则在使杆在做逆时针的转动。至于此两方向的转动，孰大孰小，当然不是两方面作用的力单独所能决定的。力和固定点即点 O 点间的距离，亦有密切的关系，这个距离通称臂（arm），臂和力的乘积，称为力矩（moment of force）。由上述实验的结论，知秤的左右两端的力矩，方向相反大小相等时，秤杆成为水平。

杠杆

前节说的秤杆上，有一个 O 点固定不动，其他各点都可绕此点自由转动，像这样的物体，称为杠杆（lever），其固定 O 点称为支点（fulcrum）。所举的重量 Q 的作用点，即 B 点，称为重点（point of exertion）。反抗此重量所用的 P 的作用点 A，称为施力点（point of application）。前节所得的普遍关系 $P×AO = Q×BO$ 对于一切杠杆都完全适用，所以这个关系就称为杠杆原理（principle of lever）。

支重力三点的位置和杠杆的分类

秤是一种杠杆，其力重两点各在支点的一方。如图 23 左方，C 表示支点，B 表示重点，A 表示施力点。剪刀、天平等都属此类，此为第一类杠杆。

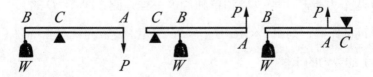

图 23　三种杠杆

如图23中间所示,重点在中,支点及施力点各在一侧,实例如船上的桡、独轮车等,都属此类,此为第二类杠杆。

如图23右方所示,施力点在中,支点、重点各在一侧,实例如镊子、糖夹、掌内承物时的手腕等,都属此类,此为第三类杠杆。

平行力

实验18.取长度为1米的直尺或其他刻有相等标度的一条直棒,用一个弹簧秤钩住其中的点,使其成水平,此时秤上读得的标度即此棒的重量。次在棒上任意两点,如图24中A、B两点,各悬一个重

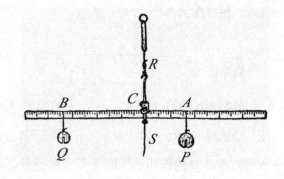

图24 平行力的合成

量P及Q,使棒再成水平。由秤上读出刻度,即棒与P、Q三者的重量的总数。由此中减去棒重,所得的数命为R。

结论:因棒始终未动,故上下两方向的力彼此应相等,即$R = P+Q$。同时又因棒上各点均未转动,由杠杆原理,应成$P \times CA = Q \times CB$。

设想取去上述实验中的P和Q,而用与$P + Q$相等的力S在C点作用,方向亦向下方。结果弹簧秤上所示的度数,当然同前完全相同。故知P、Q两个力所产生的效果和单独的S一样,此S即P、Q的合力,S和P、Q间的距离,则由$P \times AC = Q \times BC$决定。这就是两个平行力(parallel forces)的合力的求法。

设如两个平行力大小相等,方向相反,而又不在同一条直线上作用,

此时的合力虽等于 0，但两力矩都使物体做同一方向的转动，其结果是物体不能成静止。这样的两个平行力，称为力偶（couple）。通常卷发条、拧螺丝钉，都是力偶的作用。

天平

通常测笨重及价廉的物重，固然使用秤，但遇到贵重的物品，必须精确量度时，则须使用图 25 的天平（balance）。其主要部分为一个铜制的杠杆，即 AB，支点在其正中，为 F，即 $AF = FB$。由一个玛瑙刀口，平放在直立柱上玛瑙槽内，两端 AB 悬挂盘处亦由同样的刀口而成。所悬的左右两盘，重量完全相等。不用时为保护刀口起见，杠杆系用支架 S_1S_2 支住，使用时只需要转动下面的柄 H，将直柱升上杠杆之 AB 两端即可上下转动，左右两个盘，一个放物体，一个放砝码（weight）。如两边重量相等，则悬垂的指针在标度的中点左右来回摆动，两方的距离大致相等。砝码在 1 克以上的通常为圆柱形，在 1 克以下则用铝片。

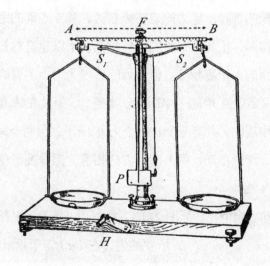

图 25　天平

滑轮

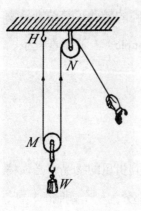

图 26 单滑轮

船上使帆、檐前悬帘，其绳都由木制或金属制成的滑轮（pulley）中跨过，其中最简单的，如图 26 所示的 M，其位置随着所举的物体共同上下的，称为动滑轮（movable pulley）。如 N，其位置固定不变的，称为定滑轮（fixed pulley）。

定滑轮的中心点固定不动，所举的重量，如在其左方，拽绳的力，则在其右方。此项情形，恰和第一类的杠杆相同，所以可看作杠杆的变相。由杠杆原理，两个方向的力矩应相等。但两力矩的臂，均等于滑轮的半径，所以两力彼此相等。结果是必须有和重量相等的力，才能将其举起，不过所施的力，方向可以任意变更罢了。

动滑轮上的两条绳，左边的一条挂在 H 上，右边的一条可用手拽动。此时滑轮极左边的一点，可以看成支点，重力 W 的作用点在轮心，和支点间的距离等于轮的半径。施力的点在极右边，和支点间的距离，即等于轮的直径。此项情形，恰和第二类的杠杆相同，所以也是杠杆的变相。由杠杆原理，两方面的力矩应相等。但重点的臂仅为力点的臂的一半，所以手施的力 P，也只要重量 W 的一半即足以支持。又从力的本身着想，亦可证明此理。M 上作用的力共有三个，一个为 W 向下，另两个为左右两条绳拽滑轮的力向上，滑轮不动，两方向的力应相等。但绳拽滑轮的力即手拽绳的力 P，故 $W = 2P$。

将若干个动、定滑轮，照图 27 的方法，用一条绳子陆续跨过，遂成复滑轮（combination of pulley）。所要的力，在（a）等于重量的 $\frac{1}{4}$，在（b）等于 $\frac{1}{5}$，在（c）等于 $\frac{1}{6}$，即足以支持。

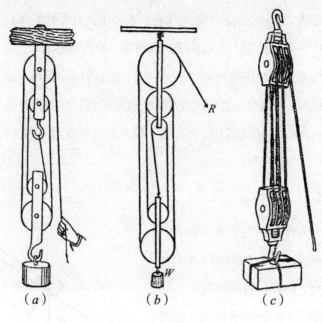

图 27　复滑轮

轮轴

　　将笨重的物体用绳悬住，将绳卷在一根圆木上，再在此圆木的一端装一个拐臂，如图 28，即成为轮轴（wheel and axle），圆木为轴，曲柄为轮。转动曲柄，圆木亦随之转动，因此可将重物拽起。命 W 表示所拽的重量，

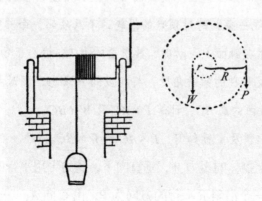

图 28　轮轴

P 表示所要的力，r 表示木即轴的半径，R 表示拐臂即轮的半径。转动时，中心的轴线不动，由图上右边的横切面看去，是其圆心不动，成为支点，重点在左，与支点间的距离为 r，施力在右，与支点间的距离为 R，情形和第一类杠杆相同，所以也是杠杆的变相。由杠杆原理，两方面的力矩应相等，故 $W \times r = P \times R$。由此可知，R 如较 r 越大，越可使用小力支持重物体。

斜面

和水平面作倾斜的平面，称为斜面（inclined plane）。如图 29，A 表示斜面的起点，C 表示斜面的顶点，AB 表示水平线，CB 表示垂直线。此时 AC 的长，称为斜面的长（length of inclined plane）；AB 的长，称为斜面的底（base of inclined plane）；CB 的长，称为斜面的高（height of inclined plane）

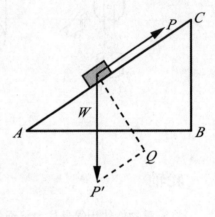

图 29　斜面

实验 19. 用一个器械，任意变更斜面的倾斜角度，在斜面上放物体，以 W 去其重量悬绳一条，跨过顶点的滑轮，下悬砝码，命其重为 P，略去摩擦不计。则物体在斜面上不动时，其所要的力 P，恒小于物体的重量 W。次就种种的重量及种种的倾斜角度，将相应的 P 求出，同时并量度其时的斜面的长 AC 及斜面的高 BC，计算 $P \times AC$ 及 $W \times BC$。

结论：无论倾斜及重量如何，$P \times AC = W \times BC$。

作用于斜面上物体的重力 W，垂直向下，此力可用平行四边形定律，分为两个分力，一个沿斜面平行的方向为 P，由 C 向 A；一个沿和 AC 垂

直的方向为 Q。Q 为斜面支住，不起运动。故只须 P 与 P' 相等，即足以支持。此时两个分力 P'、Q 与其合力 W 所成的三角形，和三角形 ABC 恰成相似三角形，相当边应成比例，故得 $\dfrac{W}{P} = \dfrac{AC}{CB} = \dfrac{斜面的长}{斜面的高}$。

螺旋

将纸裁成一个直角三角形，使其垂直的一边与一支铅笔平行，将纸卷在铅笔上，如图 30，斜边即成为一个螺线形状。照此形状在铁棒周围刻作深痕，即成为螺旋（screw），如图 31，相邻两螺线间的距离称为螺距（pitch）。故使一个物体沿螺旋而上，与沿斜面运动一样。螺旋的一周的长，和斜面的长相等；螺距则和斜面的高相当。所以螺旋即斜面的变形，只须使用小量的力，即足以支撑大量的重。

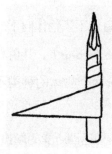

图 30　斜面和螺旋

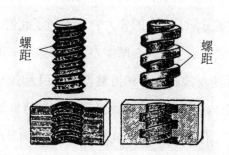

螺距　　　　　　　　　螺距

图 31　螺距

省力机械

以上各节所述的器械，如杠杆、轮轴、滑轮、斜面以及螺旋等，都有用小力支重物的性质，所以通称省力机械，又因此类机械，均极简单，故又称为简单机械。

摩擦

在前实验 19 中，曾声明略去摩擦不计，即可用较小的力 P 将较重的物体支住。事实上斜面的倾斜角度若不是很大，就不用 P 的力，物体 W 亦能在斜面上停止不动。甚至就用相反方向的力，将 W 拖下斜面的时候，假使力小，也还不能拖动，即使拖动了，以后若不继续用力，仍旧不久即行停止。尤其是在地面上或桌面上放着的物体，即倾斜角成为 0 时，此种现象更为显著。由此可知，两个物体互相接触的时候，相互间如有移动，则其接触面即受一种力的作用，来阻碍此项相对运动，这种阻碍力，通称摩擦力（frictional force）。

在斜面上的物体，因受摩擦作用，虽受一个分力 P'，如图 29，使物体沿斜面下行，但因摩擦作用，仍能静止不动。但若使其倾斜角度徐徐加大，P' 亦随之加大，达到一定值后，物体即开始运动。由此可知，摩擦力有一定的分际，作用的分力 P' 若超过了此值，摩擦作用就阻止不了物体向下的滑动。这个最大的摩擦力，通称最大摩擦力（maximum friction），其值和重量 W 成正比，和接触着的面积大小无关。又接触着两个物体的种类不同，或粗糙、光滑的程度不同，其值也就有别。

沿地面推木柱，向横滚动虽易，向纵滑动却难，此两种运动所受的摩擦，各不相同。滑动时的摩擦力称为滑动摩擦力（sliding friction），滚动时的摩擦力称滚动摩擦力（rolling friction）。通常滑动摩擦力均远在滚动摩擦力之上。

凡有摩擦力存在的时候，必须使用一部分的力去对付摩擦力，方能令物体运动。摩擦的结果，恒有热发生，对于机件害颇大，故应尽力减低。减少的方法除上述改滑动为滚动之外，还有涂抹油类或石墨等的方法，此类涂抹的物质，通称滑料。

摩擦也有极大的用途，如车轮在地面的随滚随进，依靠摩擦作用，否则只见轮转，不见车前进。又如房屋结构，亦依赖摩擦，否则不仅不能建立，就是建成后，略受动摇，非倾倒不可。此外如人行地面、钉上悬物，均为摩擦的利用。

弹簧秤

比秤还要简单的量重机械，为弹簧秤（spring balance），其外形如图32，手提上环，将物体悬在钩上，读其指标所示的标度，即得所悬物体的重量。此器的内部为一根弹簧螺线，上端固定在环下，下端固定在钩上，指标也就固定在螺线的下端，标度就刻在外壳上。

图 32　弹簧秤

弹性

实验20.如图33，将弹簧秤的螺线上端固定，下端悬一个托盘，内放各种重量的砝码，读出指标所示的标度。如重量未加时指标在0，则将每次指标所示的标度与其相应的重量相除，得值都相等。又如将重量通通移走，指标复到0处。

结论：弹簧的伸长和下端所悬的重量成正比。取去重量后，弹簧即恢复原有的长度。

凡受力作用后，形状上即发生变化，外力取去后，又恢复原状的性质，称为弹性（elasticity），具有此种性质的物体，称为弹性体（elasticity body）。除上述的弹簧秤之外，如橡片条、松紧、皮球、弓背、气枕等类，都是富有弹性的物体。

由实验20的结果，知弹性体的形状变化和所受的外力适成正比，这个关系，对于一切弹性体完全

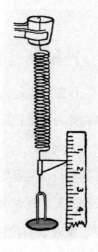

图 33　弹性的实验

适用，称为胡克定律（Hooke's law）。弹簧秤上的标度，均作相等的间隔，就是这个缘故。

材料强弱

关于弹力的胡克定律，只能在作用力不甚大时有效。如外力过大，形变太甚，以后虽将外力撤去，物体亦不能完全恢复原状，有时甚至折断或破裂。例如钢笔头，若执笔者用力不大，它的两尖端在当时虽稍稍分裂，但用后仍能合并。若用力过大，或使用的时间过久，就不能合并，有时竟至折断，一切物料多少均有弹性，故受力作用后各有其相当的变形，就是一条单独的线，下悬重物，也会伸长少许。如下悬物体过重，伸长后即难复缩，甚至截为两段。又如在竹竿上晾晒衣服，竹竿也会发生弯曲变形。衣服太重时，竹竿即难再行伸直，有时甚至折断。在前一例，为加多线数，或改用粗线，在后一例，或减短竿长，或改用粗竿或铁棒等，即可支持较大的重量。壁上悬挂的镜架，越重越要使用粗绳，支架房顶的梁柱，房顶越重，越要使用巨大的木料，甚或改用钢筋水泥来代替木料，目的就在于避免发生过量的变形，以防危险。

钟和表

日常测定时间的器械为钟和表，大小虽殊，构造则大致相同，利用发条的弹力牵动指针而成。指针通常有时针、分针、秒针三种。时针每转一周为12小时，分针每转一周为60分，秒针每转一周为60秒。时针最短，分针较长，两者均装在盘中心的轴上，秒针有时也装在中心处，但长度较分针略长，有时另装在盘面上一个小圆上，以资区别。发条卷紧后，由其弹力使内装的齿轮运转，牵动指针，以计时刻。发条完全恢复松弛的原状后，钟表也就随之停止，非将发条重新卷紧不可。

本章摘要

1. 量重量的器具有三种：第一种是秤，利用不等臂的杠杆造成，提绳为其支点；第二种是天平，利用等臂的杠杆造成；第三种是弹簧秤，利用弹簧的弹性和重量成比例的性质造成。

2. 力矩等于力与臂的乘积，物体发生转动时，转动的大小即由其力矩决定。

3. 杠杆是一条直棒，其上有一个支点，全杆可绕支点自由转动。

4. 支点、力点、重点，是杠杆上的三个重要的点。

5. 杠杆原理表明杠杆取水平位置时，支点、力点及重点所应取的相互的位置关系，即重量和施用的外力，对于支点的力矩，大小应相等，方向应相反。

6. 杠杆有三类，由其上支点、力点及重点的位置而定。第一类杠杆的支点介于力点和重点的中间，如秤；第二类杠杆，重点介于支点和力点的中间，如桡；第三类杠杆，力点介于支点和重点的中间，如糖夹。

7. 平行力的合力，不能由平行四边形求出，须利用力矩去求。

8. 力偶是大小相等、方向相反两个平行力，其合力虽等于 0，但力矩不成为 0，结果使物体发生转动。

9. 滑轮、轮轴都是杠杆的变形，螺旋是斜面的变形。使用目的均在于以小力抗大力。

10. 省力机械又名简单机械，指杠杆、滑轮、轮轴、斜面、螺旋等用小力抗大力的机械。

11. 弹性是说物体受外力作用即生变形，外力去后又恢复原状的性质。

12. 弹性体是说具有弹性的物体。

13. 胡克定律是说弹性体的变形和作用的力成正比。

14. 摩擦是互相接触的两个物体的表面间作用的力，在于阻止此两物体间的相对运动。

15. 最大摩擦是接触面间所能表现的摩擦的最大限度，和全压力成正比，和接触面的大小无关，其值由接触面的性质而定。

16. 滚动摩擦恒较滑动摩擦为小。

17. 减少摩擦可用润滑剂。

18. 摩擦有利有弊，不可一概而论。

问题

1. 秤上只有一个秤锤，何以能称量各种重量？

2. 秤上有两条或三条提绳时，何以能将轻重不相同的物体的重量量出？

3. 秤上的标度以及秤锤是否有错，如何可以检出？

4. 大人与小孩儿共用一条扁担挑水，应将水桶吊在何处？

5. 只有一件行李，欲用扁担挑起，行李应如何放？

6. 一个大人与一个小孩儿同坐跷跷板时，两人应如何坐？

7. 磨上的柄都伸出磨外，磨柄越长，推磨越觉容易，是何缘故？

8. 三人抬轿，坐轿的人应在何处？

9. 用一条扁担挑轻重不同的两件行李，应掮何处？

10. 用剪刀剪物，物体要放在何处，剪去方觉容易？

11 剪纸的剪刀，刀长柄短，剪铅丝的铁剪，刀短柄长，为什么？

12. 旧式的锁何以能锁住，用钥匙何以又能打开？

13. 推车上坡，必迂回取"之"形路走，方觉容易，是什么缘故？

14. 螺钉上面的螺纹越密，使用时越觉容易，是什么缘故？

15. 用钉锤拔取墙壁上的铁钉，应如何使力？是一种什么作用？

16. 农夫用的锄，柄越长掘土越易，是什么缘故？

17. 力的作用，在使物体得到一个加速度，何以火车继续用车头牵引，而其进行速度并未增加？

18. 穿冰鞋在水泥筑成的地面上比在泥土地面上要滑得远些，在冰冻的河面上滑得更远，是什么缘故？

19. 搬运大石头或其他的重物，用圆柱垫底即可推动，是什么缘故？

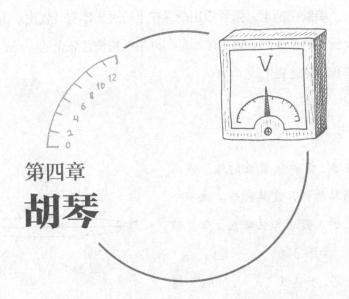

第四章

胡琴

胡琴

最简单的发音器具莫如胡琴，其发音的主要部分是两条弦索，下端固定不动，上端绞在柄上，张紧后用胡弓在上拉过，即有音发出。上面卷得越紧，发出来的音越高。如犹嫌不足，再用手指按住弦上的一点，音更加高，移指音亦随之变化。

振动

实验 21. 拨动张紧着的弦，或用胡弓拉胡琴的弦，使其发音。执一个系在线上的木髓球与弦略触，即见球被弦弹开，如图 34。

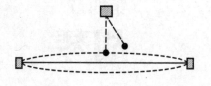

图 34　发声中的弦

实验 22. 击音叉（tuning fork）使其发音，仍用前实验中的木髓球，略与音叉的脚相触，木髓球亦同样被音叉的脚弹开。

结论：仔细观察发音中的弦和音叉，其各部分均作一种来回不已的运动，如图 35 中虚线所示，木髓球之所以被弹开即由于此。当此种运动停止时，音亦随之停止，不复能闻。

图 35　发声中的音叉

凡具有弹性的物体，受外力作用变形后，由其弹性作用，常欲恢复原状，因此引起一种往复不已的运动，称为振动（vibration）。振动中每往复一次所历的时间，称为周期（period）。每秒往复的周数，称为振数（number of vibration）。振动中最大变形的限度，如弦的中点或音叉的一端所移动的距离，称为振幅（amplitude）。

由各种实验可知一切的音，都由于发音体的振动而来。

声的传播

实验23.在空箱上装一根长约 1 米的木棒，用一个正在发声的音叉和棒顶接触，如图 36，声即洪亮，离去棒顶，声又转弱。

实验24.用盛满水的玻璃圆筒代替前实验中的棒做同样的实验，如图 37，结果亦同。

实验25.用长约 0.7 米的一条橡皮管，一端插入耳内，另一端和衣袋中的表或正在发声的音叉接触，即可听到异常明了的声音。如将橡皮管的中部用手捏紧，使其不通，声亦随灭。

结论：固体、液体、气体都能传声。

实验26.在排气机的玻璃钟罩里装一个电铃，如图 38，送电流入内，

图 36　固体传声

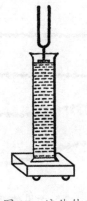
图 37　液体传声

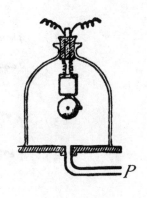
图 38　空气传声

使铃声不断，然后将罩内空气从 *P* 处抽去，铃声随之次第微弱。等到罩内空气将次排尽，铃声已弱到不能复闻。次再送空气入内，铃声亦随之加强。等到内部的空气恢复原状，铃声亦与以前相同。

结论：空气为传声必要的物质。

一切弹性体，无论其为固体、液体或气体，都能传声，即为传声的介质（medium），其中尤以空气最重要。发声体的声之所以能到达我们的耳内，就靠介于其间的空气具有此项作用。真空钟内的铃声始终并未间断，可是因为缺少了空气，所以无法传出。

波动

实验 27. 将一条穿有细珠的直线的一端，如图 39 的 *B* 固定在墙壁、天花板或地板上，手执另一端 *A*，令其伸直如（1）。次将 *A* 端骤然向横处一摇，最初 *A* 处的珠移向横处，牵动邻珠，亦随之移动。等到 *A* 移到终点时，被牵而动的已传到 *C* 珠，如（2）。此后 *A* 复向原位而回，牵动邻珠，次第恢复旧位。同时 *C* 却牵动邻珠，继续移向横方。等到 *A* 回原位时，此项向横的移动，已传到了 *D*，如（3）。照此情形，当 *A* 完成一次振动时，其相邻各珠的位置，当如（4），全体成为一种波形。

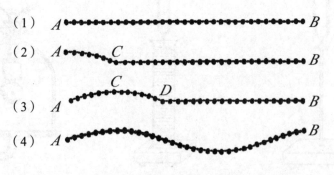

图 39　沿绳而进的横波

实验 28.将同大的球排在一直线形的沟内，如图 40，令 *A* 由远处滚来和 *B* 相撞，最初相撞处受压而缩短，成为竖立的椭圆体，如图 41，其后由球的弹性作用恢复原状，并继续缩扁，遂成为横卧的椭圆体。挤其邻球 *C*，如是次第传达至远处，使末尾的 *J* 跳出原位，且当 *A* 完成一次振动的变形时，各球间相压的力，遂发生时大时小的变化，由近处而传达至远处，结果各球间的排列就时疏时密。*A* 振动一次，即有一疏一密的变化传出。振动第二次，又有一疏一密的变化传出。

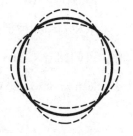

图 40　纵波传播的状况　　　　　图 41　球受压力的变形

凡物质内的一部分起了振动，即经由其邻部次第传至远处的运动，称为波动（wave motion）。每一次振动，即产生一个波形（wave）。如摇绳所产生的波，各部分振动的方向和波形传达的方向成直角时，称为横波，或称高低波。其高处称波峰，其低处称波谷。相邻的两峰或两谷间的距离，称为波长（wave length）。如上述滚球的例子，各部分的振动方向和波的传播方向相一致时，称为纵波。各部分互相密集的地方，称稠密，而互相远离的地方，称为稀疏。相邻的两稀疏或两稠密间的距离，亦称波长。1秒间波形传达的距离，称为波的传播速度。

声波

胡琴发声时，其弦正在做左右的振动。弦向左则左边和弦邻接着的空气，受压迫而成稠密状况，右边和弦邻接着的空气，因弦移去而成稀疏状况。弦向右时其左右的空气状况正与前相反。故弦振动一次，其旁的空气即发生一次疏密的变化。再振动一次，又继续发生一次疏密的变化。如是遂在空气中将此疏密部分，次第传至远处，达了耳内，始闻其声。所以声实系空气中的一种疏密相间的波动，通称声波（sound wave）。

声波在空气中的传播速度随气温而异，在常温下约等于340米每秒。

水波到岸即被折回，声波亦有同样的现象。人在悬崖绝壁前，大声疾呼，可闻回音（echo），就是声波遇阻反折而回的现象，通称声波的反射（reflection of sound waves）。

响度

我们听见经空气传来发声体的声，有时洪亮，有时微弱，关于此项差别，称为响度（loudness），各有不同。发声的胡琴或音叉，最初尚觉洪亮，若不继续鸣奏，不久即逐渐减弱，同时其振幅亦减至0。音叉鸣奏时，用力越大，振幅越大，则发出的声亦越大。由是可知，响度实由其振幅的大小而定。

音调

每秒内发生的声波次数越多，即振数越多，由此得出的音较高。反过来说，就是振数少的声较低。声的高低差别，称为音调（pitch）。

我们能够听见的声，其振数在16～36000，过少过多，都不能听见。通常男性的音调，振数为90～140，女性的音调，振数为250～550。

共鸣

实验29.将振数相同的两个音叉连同其下面的空气箱，并排放在桌上，使其相隔不远，且两者的脚在同一条直线上，如图42。击动左边的音叉，使其发声，隔数秒后，再使其停止振动。此时细察即可听见未尝被击的右边的音叉自行发出声音。

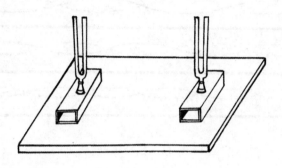

图42　音叉的共鸣

按音叉振动时，其两脚同时向左右时张时弛，使周围空气发生一疏一密的波动。此项波动由左方传至右方，结果令右方音叉的脚，受到一推一引的力的作用，积久此项作用越强，结果右边的音叉也振动发声，此现象称为共鸣（resonance）。

通常音叉下面装的空箱，也是为引起共鸣作用而设的。所以音叉放在箱上，其音特别强大。乐器中有很多这种设备，如胡琴下面的竹筒、月琴后面的圆盒都有这样的作用。这种器具通称共鸣箱（resonance box）。

弦的振动

实验30.将一条弦的两端张紧，使成水平，或用指拨，或用胡弓拉其中点，见弦做整个的振动，中点的振幅最大，两端最小完全不动，此时所发的声最低，振动状况如图43的a。

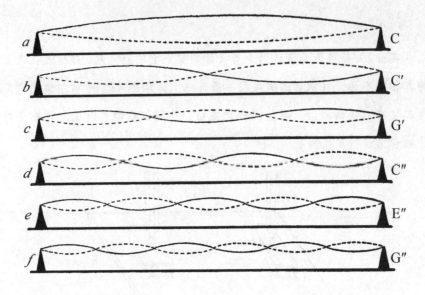

图 43　弦的振动

如将弦的中点用手指轻微触动，拨动其 $\frac{1}{4}$ 的一点，即见弦分作两段振动，如图中的 b，中点和两端均不动，其 $\frac{1}{4}$ 的一点振幅最大，此时所发出的声音较前做整个振动时高。

如摁住弦的 $\frac{1}{3}$ 的一点，振动时成为图中 c 的状，分为三段振动，其声更高。再变动手摁的点，则得 d、e、f 等各种振动，声亦渐高。

发声体振动时，其各部分的振幅不同，振幅最大的各点，如图 43 中 a 的中点，称为波腹（loop），完全不振动的各点，称为节（node）。如弦的两端及 b 的中点。

弦做整个的振动，如图中的 a，此时所发出的声音最低，称为原音（fundamental tone），此外分作数段振动时所发出的声音，称为陪音（overtone）。

利用弦的振动而制成的乐器，除胡琴外，尚有琴、瑟、琵琶、三弦、月琴等；此外还有钢琴、小提琴等，也是很常见的。

板和膜的振动

实验 31.用一块铜板，将其中点夹住，板上撒沙，用胡弓沿板边拉过，使其发声，板上的沙子即排成极有规则的形状，如图 44。

结论：细沙集合的地方，为板振动时的节，其振动最盛的波腹都无沙存在。

膜的振动也和板的振动略同，不过板的周围都极自由，故振动时成为波腹，而膜的周围不能自由，故振动时成为节。

利用板的振动而制成的乐器，有钟、磬、锣、铙、简板等。利用膜的振动而成的，有鼓、道筒等。

图 44　板的振动

空气柱的振动

研究空气柱的振动，用风琴管（organ pipe）最相宜。如图 45，一端有口，备送气用；他端或开或闭，开的称为开管（open pipe），如 A；闭的称为闭管（closed pipe），如 B。

当徐徐送气入管时，则发原音，送气越急，所发的陪音越高。开管的两端，空气的运动自由，故两端成波腹，闭管的底，空气不能自由运动，故在此处成节。

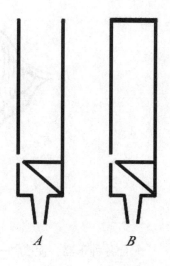

图 45　两种风琴管

利用空气柱的振动制成的乐器极多，如笛、箫、笙、警笛、号、角、喇叭等。

簧的振动

在气流通过的途中，如加一个金属或竹片将通路封塞，则气流强时，可将此薄片推开，气流弱时，由弹性作用，薄片仍回原处，于是往复振动，发而为声，此薄片通称簧（reed）。

利用簧的乐器，有风琴、口琴等。

声带

人类发音的器官称为声带（vocal cords），是两片薄膜，张紧在喉头内，正当空气出入的处所，左右各一，中留一条极狭的缝隙，空气即由此隙中通过，激动声带，使其发生振动，遂成为音。声带张紧时音高，弛缓时音低。

图 46　声带

音色

配合各种乐器，使成同一的音调、同一的响度，但鸣奏时，依然可以判别出各器的差别。这样的差别，称为音色（timber），各有不同。无论何种乐器，当其振动时，绝不止发出一种原音，同时必有若干陪音共同存在。此项共同存在的陪音，各发声体各不相同，所以有音色的差别。

音阶与音乐美

唱歌时所用的 do、re、mi、fa 等音，并没有一定的高低。任何一个音均可定为 do，不过一旦决定以后，其余的 re，mi 等，就成一定，不能再行变更。即在任何一组的 do，re，mi，fa，sol，la，si，do 的中间，均有一定的关系。即此一组的音的振数，应成为一定不会改变的比例。如命 do 的振数为 1，则其余各音的振数，应成为下列的数字：

do	re	mi	fa	sol	la	si	do
1	$\frac{9}{8}$	$\frac{5}{4}$	$\frac{4}{3}$	$\frac{3}{2}$	$\frac{5}{3}$	$\frac{15}{8}$	2

这样构成的一组音，称为音阶（musical scale）。两音相继而来，或同时并奏，令人觉其清澄悦耳时，称为协和音程，令人发生混浊不快的感想时，称为不协和音程。

留声机

留声机利用膜的振动，将原来的音留下，随时可以再发出同样的声音。方法是使人向喇叭发音，在喇叭底放一个膜，声波传到膜上，引起膜的振动，牵连膜下的针，在蜡片上做或上或下的运动。蜡片装在一条转动的轴上，使针尖在蜡片上刻成一条螺线沟纹。当膜静止时，针所刻成的沟纹，是一样的深。当膜振动时，因针尖时上时下，故其刻成的沟纹，也就有时浅时深的分别。即是沟纹不是平的而是在上下方向弯曲着的一条波线。这样刻成功的蜡片，就可翻成通常的唱片。要想发出原音，就将唱片放在

转动的台上，仍用钢针连到一个膜上，使针尖沿唱片上的沟纹运动，因针尖在凹凸不平的沟纹中运动，引起膜的振动，再经喇叭口传出，即成为声，和原声相同。

本章摘要

1. 振动是一种周而复始、循环不已的运动。

2. 周期是振动一次所经历的时间。

3. 振数是每秒间完成的振动的次数。

4. 振幅是振动体所受最大的位置的变化。

5. 声是物体作振动时发生的。

6. 一切弹性体均能传声。

7. 空气为传声不可或缺的要件。

8. 波动是物质的一部分所起的振动逐渐传达至远处的一种运动。每一次振动即产生一个波。

9. 横波又称高低波，是振动的方向和波形传达的方向垂直时的波，其高处为波峰，低处为波谷。

10. 纵波又称疏密波，是振动方向和波形传达的方向一致时的波，其密集处为稠密部，疏松处为稀疏部。

11. 波长是相邻两波的峰与峰、谷与谷、稠密与稠密，或稀疏与稀疏间的距离。

12. 波的传播速度是波形于 1 秒间传达的距离。

13. 声是空气中起的疏密波，称为声波。

14. 声波的传播速度，在常温时约等于 340 米 / 秒。

15. 回音是声波遇阻反折而回的现象。

16. 响度是音量的大小区别，由其振幅而定。

17. 音调是音的高低，由其振数而定。

18. 共鸣是受了振数相同的声波作用时产生的振动。

19. 弦管等都可分作若干段振动或整个振动，原音是做整个振动时所发的声，陪音是做分段振动时所发的声。

20. 波腹是振动最激烈的部分，节是不振动的部分。

21. 音色由于同时存在的陪音不能尽同而生。

22. 一个音阶中的各音相互间具有一定不易的振数的关系。

23. 协和音程是数音同时发出而使人悦耳的情况。

24. 不协和音程是数音同时发出而使人不快的情况。

25. 留声机的音源，在于唱片上的深浅不同的沟纹，钢针由此种沟纹上擦过，即发生上下的振动，遂引起膜的振动，而成为声。

问题

1. 蚊蝇飞来，必闻嗡嗡的声音，此声何由而来？

2. 有风时可以听见架电线的柱子发声，是何缘故？

3. 野外遇急风吹来时，亦有声可闻，所谓"朔风怒吼"，是何缘故？何以风弱时不能听见？

4. 军队施放重炮时，附近一带住户均受到强烈的震动，是何缘故？

5. 试用手将两耳捂住，将表用上下牙齿咬住，即可听见表内机械的声音，是何缘故？

6. 小孩儿玩具中的电话，是用一条长线连接两个纸筒或竹筒而成，居然可以通话，是什么缘故？

7. 以耳贴地，可察远处有无骑兵夜袭，是何缘故？

8. 在野外宣传，必用传声筒，是什么缘故？

9. 鸣奏胡琴或提琴时，须用左手的指摁弦，是何缘故？

10. 琴上有柱，移动琴柱，音亦随变，是何缘故？

11. 提琴上的四根弦，粗细各不相同，是何缘故？

12. 鼓音不佳，则用火烘，是什么缘故？

13. 炮声有尾，是什么缘故？

14. 人向井口发音，可听见回音，但若井内水面不深，即听不见，是什么缘故？

15. 苍蝇在空瓶中飞动时，比在外面发的声音大，是何故？

16. 纸鸢上装有扁圆的纸盒，飞扬后即有声发出，所以又有风筝的名称，是什么缘故？

17. 在鸽子的尾上系轻的小木盒，通称鸽哨，鸽子飞时亦有声发出，是何缘故？

18. 箫笛上刻有若干个孔，各孔所发出的音各不相同，是何缘故？

19. 善奏箫笛的人，由同一的孔亦可吹出不同的音，是什么缘故？

20. 打嗯哨是什么原理？

21. 扯铃的音，从何而来？

22. 演奏口技的人必将嘴唇变作各种花样，是何缘故？

23. 三弦本是弹拨乐器，但它还能用来拉奏，是什么缘故？

24. 留声机的钢针何以要随用随弃？

25. 留声机上都装有快慢器，可以任意变更转台的速度，但速度越大，所发的声越高，是何缘故？

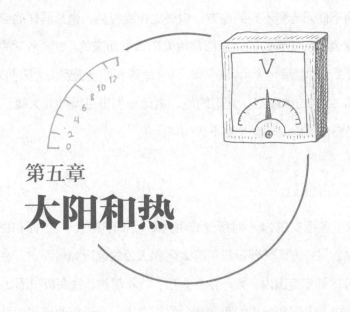

第五章

太阳和热

太阳和热

赤日当空，人苦其热；阴云骤至，忽觉其凉。欲避免暑热，只须在室内或树荫下面阳光照不到的地方。白昼比夜晚暖热，也是同样的缘故。差不多地球表面所受到的热，全部是由太阳散发而来的。3厘米厚的冰块，平均只要1小时就融化无余，以全年计算，地球表面上受到由太阳而来的热，竟可以将53米的冰融尽。太阳的热，由此一例也可得知其大概，所以太阳可说是自然界中的一个长热不灭的"火炉"。

四季的变迁

地球上各地点在24小时所受到由太阳而来的热量，一方面和白昼的长短有关系，另一方面又要看正午时太阳和天顶的远近如何而定。在赤道南北23.5度的纬度范围内，太阳常在天顶，终年暑热，在两极周围23.5度的纬度范围内，太阳和天顶的距离远，终年寒冷，介于此两者间的地带，太阳和天顶时远时近，地面亦时寒时热，顺次而成春夏秋冬四季的变化。

热量和温度

将水放在火上，使其受热，不久即觉其温暖。进入其中的热越多，温暖的程度越高。试将大小和式样都相同的两个杯子，内储不同量的水，放在同一个火炉上，欲使两杯水都同样的温暖，必须使水量较多的杯子在火上长久一些。并且杯内水量相差得越多，两者受热的时间相差也越久。即水量多的那杯水须受多量的热，方能和水量少的那杯水同样的温暖。由此可见，物体的冷热程度和其内所含的热量完全是两件事，绝对不可混同。茶的温度通常都在浴水的温度以上，可是一杯茶所含有的热量，事实上总不及一浴缸水所含有的热量多。日常我们所需要的是物体温暖的程度，倒不在乎它含有多少热量。日常表示物体的温暖程度，有冻、冷、寒、凉、温、暖、热、沸等许多字样，可惜没有一定的标准。同一杯茶，在甲嫌其热，在乙或嫌其冷。温带的冬天，在寒带的人或许觉得温暖宜人，也是意料之中的事。为决定计，通常称物体的温暖程度为温度（temperature），其所含有的热，则称为热量（heat quantity），或略称热（heat）。

温度计

物体的温度，不能直接测定，但一切物体遇热则胀，遇冷则缩，所以利用这个性质，就可以将物体的温度测出。为此目的制成的器械，称为温度计。通常使用的温度计，是一个玻璃细管，一端有一个小球，内盛水银。温度高则球的水银膨胀，故管内水银面升起；温度低则球内的水银收缩，故管内水银面下降，观察水银面的高低就可以测出温度。

温度计上有两个定点，一个点是温度计在冰水中管内水银面所在的一点，为冰点（freezing point）。另一个点是温度计在沸水发出蒸汽时管内水银面所在的一点，称为沸点（boiling point）。这两个点决定后，再将其间等分作若干部分，即可将其间的各种温度表示出。通常使用的温度计一般有两种，一种称为摄氏温度计（centigrade thermometer），如图47（a），以冰点作0°，以沸点作100°，并将其间等分作100份，每1份表示1°，记作1℃。另一种称为华氏温度计（Fahrenheit thermometer），如图（b），

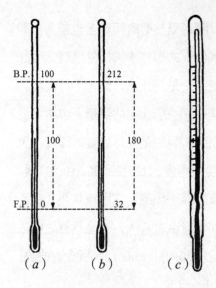

图 47　温度计

以冰点作 32°，以沸点作 212°，并将其间等分作 180 份，每 1 份表示 1 度，作 1℉，即每升高或降低 1 摄氏度，相当于升高或降低 1.8 华氏度。

兹将常遇到的几种温度，列举如下：

测量对象	华氏温度计	摄氏温度计
寒冷的冬天	26℉	−3℃
温暖宜人的室内	58℉	15℃
夏天的阴处	75℉	24℃
温水浴盆	90℉	32℃
热水浴盆	110℉	43℃
人体	98℉	37℃
热带地方	110℉	43℃
沸腾的油	572℉	300℃
熔化了的铁汁	2192℉	1200℃

　　医生检查患者体温时使用的温度计，如图 47 中的（c），标度见上述两种，不过管内将近球部处，特别的细而且弯，所以水银上升后，非用力甩动，不能自行下降，以备检查最高的温度，通称体温计。

物体的膨胀和收缩

实验32.用三个相同的玻璃瓶，塞上各插入一根玻璃细管，长约70厘米，如图48，管旁备有标度。此三瓶一个装水，一个装酒精，一个装汞，且令液面高出管上两三厘米。将此三个玻璃瓶同时放入水槽内，用纸片贴在各管上液面所在处。由水槽下面加热，使水槽内水的温度升高，即见各管内的液面，最先均略降低；其次转而逐渐升高，表示瓶内液体的容积增加。加热越多，此项增加越盛。三个玻璃瓶中尤其是酒精，其容积增加得最多，水为第二，汞的增加最少。除去下面的热，使水槽内的水温降低，各管内的液面，又恢复原位。

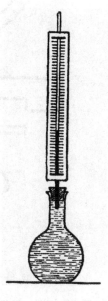

图48　液体的膨胀

结论：一切液体，遇热都膨大，遇冷都缩小，但胀缩的程度各有不同。

实验33.将金属棒的一端固定，他端自由，但与一个指针相接触，如图49中的（a），接近指针的尖端备有标度的弧，用火烧金属棒，即见指针沿标度弧转动，表示金属棒胀长。等其冷却后，即见指针仍还原位，表示金属棒已缩小成原有的长度。

结论：固体的棒遇热胀长，遇冷缩短。

实验34.图49（b）所示的短棒，有柄可执，当棒在常温时，恰好嵌入上面的框内，即框宽和棒长相等。如将此棒放在火上烘热，即不能再行嵌入框内，等其完全冷却后再试，仍可嵌入。

实验35.图49（c）为一个金属球，大小恰好从一个金属环中通过。如将此球烘热，再由环上放入，即被环阻住，不能通过，等冷却后，又可自由通过。或并环亦加热，球亦可以通过。

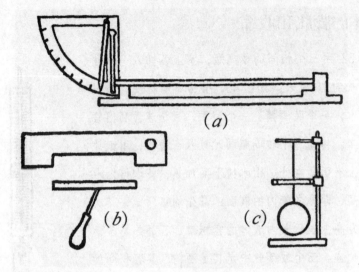

图 49　固体的膨胀

实验 36. 试将黄铜片和同样大小的铁片钉合成一块，仍成一个长条形，如图 50 上端，黄铜在上铁在下。加热后即见其中央升起，变成弯曲的形状，如图中中段所示。令其冷却，又恢复直条形状。再冷转而向下方弯曲。

结论：一切固体遇热都胀长，遇冷都缩短，但各种固体的胀缩，彼此并不相等。黄铜比铁胀得长些，所以在上述的实验中，发生弯曲的结果。

铜

铁

热

冷

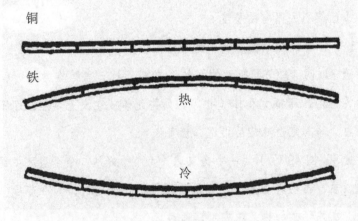

图 50　不同膨胀的结果

实验37.将实验32中所用的玻璃瓶和玻璃管，任取一个，令其倒立，管口插入着色的液体内，如图51加热于瓶，即见有空气细泡从管口向液体中逸出，表示瓶内空气胀大。此项实验所要的热并不必多，只须用手贴在瓶底，就可以产效果，如用本生灯加热，其效果尤大。其次等瓶冷却，即见着色液体由管内升上，表示瓶内空气缩小。如加热时系用本生灯，则升上的液体，甚至可以将瓶充至半满。可见当初空气胀大时，其容积差不多加了一倍。

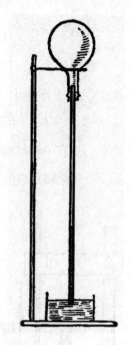

图51　气体的膨胀

结论：一切气体，不只空气，受热都胀大，遇冷都缩小。此项胀缩分量，远在一切固体液体以上，极易察见。

总括上述各种实验结果，可知一切物体，无论其为固体、液体或气体，遇热都会胀大，遇冷都会缩小，此现象称为热膨胀（thermal expansion）。各种物质的热膨胀并不相同，但任何物质的膨胀和其温度的变化，都有一定的关系。温度每升高1℃，其增加的体积对于原体积的比，称为各物质的体积膨胀系数（coefficient of cubical expansion）。

日常生活中，对于物体的体积增加，都不十分注意，对于物体的长短的增减，反而容易察见。如实验32及实验37，均言其升高若干，即其一例。专就其一边的长而论，温度每升高1℃，其一边所增加的长对于原长的比，称为线胀系数（coefficient of linear expansion）。

气体的体积膨胀系数大都相同，当压力不变时，其值为 $\frac{1}{273}$，约等于0.00367。

热量

蜡烛的火，可以灼手，但不能将一壶水煮沸；家用的火炉，可以煮饭，但不能开动火车或轮船上的机器。这是各种热源含有的**热量**（heat quantity）各不相同导致的。这样的热量，也是不能直接测定的量。若将此项热量加在一种标准物质上，检查它所产生的效果，即温度变化了多少，即由此可以将热量的多少推出。

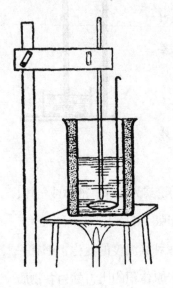

图 52　热量和温度

实验 38. 用大小两个铝制的杯，将小杯放在大杯内，使其两底相重，在两杯的中间用干燥的细沙填满，以防热由其中传过。杯内盛 200 立方厘米水，从下面用酒精灯或本生灯加热，随时将杯中的搅件器不绝地调匀水内的温度，每隔 1 分钟读出水的温度，即见温度的升高和加热的时间成正比。

结论：由酒精灯或本生灯于相等的时间内放出的热量当然是相等的。由此可见，水的温度的升高，和其吸收的热量成正比。即吸收的热量越多，其温度的升高越多。

由上述实验可知，水的温度无论其由 0℃，或由 15℃升高到相同的度数，其所要的热量都是相同的。利用这个性质，就可以得出一个测热量的标准。即凡能使 1 克重的水的温度升高摄氏温度计上的 1℃ 的热量，定为热量的单位，称为 1 **卡**（calorie）。又凡使一个物体的温度升高摄氏温度计上的 1℃，所需要的热量，称为此物体的**热容量**（heat capacity）。

将热物体放入水内，亦可使水的温度升高。这个方法，通称混合法。

如物体的温度本为 T_1℃，水的温度本为 T_2℃，混合后两者都成为 T_3℃。此时物体所放出的热量，当然应等于水所吸收的热量。

比热容

实验 39. 试将（a）水，（b）铜屑，（c）玻璃屑，（d）铝粉四种各盛入一根玻璃管内，量其重量，使四管的重量相等，用棉絮等不传热的物质将各管口塞住。四管都插在一盆沸水内，使其成为同样的温度。另取四个铝杯，各盛 50 立方厘米冷水，排成一列，使作相等的距离。然后取之前的四根玻璃管，将管口放开，倾出管内的物质，各入于一个铝杯内，调匀后细查各杯内的水的温度各为若干。如各物质都重 10 克，沸水的温度为 100℃，则第一杯内的温度升高 14℃，第二杯内的温度升高不过 2℃，至于第三、第四两杯，即是铝和玻璃两物质混合后的温度，并未见任何增加。

结论：各种物质受同一温度变化时，放出的热量并不相同，其中以水所放出的热量为最大。

使 1 克重的各种物质的温度升高 1℃ 所要的热量，即各物质每 1 克重的热容量，称为各物质的比热容（specific heat）。

物质的三态

物质有固体、液体、气体三种不同的状态。例如水是一种物质，但有凝结成固体的冰，流动而无定形的水，和既无一定形状又无一定容积的水蒸气等三种不同的形态，这三种形态通称物质的"三态"。只要温度能够充分降低，就是氢气和氦，也都能够经过这三种状态。氦到了 −269℃，即化为液体，到了 −272℃ 就凝结成为固体，其他物质亦复类似。

熔点

冰与水混合存在时，不问两者孰多孰少，全体的温度总是 0℃，绝不稍变，其他物质亦复类是。

实验 40. 将萘研成粉末，盛入试管，将此管插入冷水杯内，用本生灯从杯底加热，管内放一个温度计，每隔 1 分钟读一次温度，即见物质的温度逐步增加，和水最初受热的情形一样。但温度升到了 79℃ 时，萘开始熔化，在短时间内，其温度都在 79℃ 处停止，不复上升。一直到全部熔化成为液体，温度始行升高。

结论：一切物质由固化为液体时，由开始熔化以至全部熔尽，其间的温度恒保持一定的值，不升亦不降。

固体受热化为液体的现象，称为熔解（fusion）。在熔解进行中，其所有的一定不变的温度，称为熔点（melting point）。反过来说，液体受冷凝结成为固体的现象，称为凝固（solidification）。在凝固进行中，其温度亦一定不变，纯粹的物质，尤其是结晶质，凝固时的温度和熔点完全一样，通称凝点（freezing point）。

潜热

当固体化为液体时，下面所加的热，并未曾稍断，可是其温度丝毫没有增加，即此时所供给的热，蕴藏于物质的内部，并不表现于外，所以温度不发生变化，故称为潜热（latent heat）。凡使 1 克重的各种物质熔化成同一温度的液体所要的热量，称为各物质的熔解热（heat of fusion）。水的潜热为 80 卡，即 1 克重的冰，要受到 80 卡的热量，方能熔化成同一温度的水。反过来说，0℃ 的 1 克水要凝结成冰，必须将 80 卡的热放到外面，方能办到。一切物质当凝固时，都有同样的现象，此时放出来的热，称为凝固热（heat of solidification）。

熔解时体积的变化

大多数的物质，当熔解时，体积都会膨胀，即液体所占的容积，总比固体时要大些。可是水和铸铅字用的合金恰同此相反。水结冰时体积扩大，所以冰块比水轻，浮出水面。铅字用的合金冷却时将铜模中的缝隙充满，所以铸成的活字笔画特别明显。假如水不比冰重，冬季的湖池等必连底凝成冰块，就是到了夏季，也只有表面一薄层的冰融解成水。其对于气候的影响，也就可想而知了。

压力和熔点

实验41. 如图53，将碎冰盛入圆筒内，在冰上放一个金圆球，从上面用螺旋加压，然后将圆筒开放，即见球已被压入冰内。

结论：在球下面的冰，受强大的压力作用后，其熔点降低，故而融解成水，球即沉入水中。压力取去后，冰的熔点仍然恢复原值，故在球上的水又凝固成冰。故从外表看上去，宛如球被压入冰内一般。

凡熔解时体积膨胀的物质，当压力加大时，其熔点都升高；熔解时体积缩小的物质，当压力加大时，其熔点都降低。两块冰，若互相压着，虽在温水下，亦能黏着成为一体。此现象通常称为复冰（regelation）。冬季将积雪团成一块，在其他有雪处滚过，雪球随滚随大，也就是这个现象的应用。

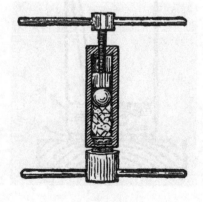

图53　压力和熔点

蒸发

一杯水放在空气中，逐渐减少，最后竟至完全消失。这是因为水已经化为汽，混到空气中去了。假如能加少许的热在这个杯子上，进行的速度更快。此项由水变为汽的作用，其发生只限于水面，如加热过多，使水的温度升到100℃，那就连水面下也可以发生同样的变化。凡由液体化为气体，通称汽化（vaporization），其相反的一面，即由气体化为液体的现象，称为凝结（condensation）。汽化如进行甚缓，仅限于液体表面上时，特称蒸发（evaporation）。

在开放容器内的液体，虽可无限蒸发，但在密闭容器的液体，则有限制。蒸汽表现的压力通称蒸汽压力（vapor tension）。液体停止蒸发时，其蒸汽压力成为最大值，通称最大蒸汽压力。其值由温度而定，温度升高，最大蒸汽压力亦随之加大。达到最大蒸汽压力的汽，称为饱和蒸汽（saturated vapor）。未达到以前称未饱和蒸汽（unsaturated vapor）。

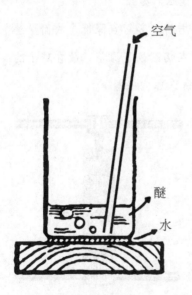

空气

醚

水

图 54　蒸发热

实验 42. 取一个金属薄杯，内盛少许乙醚，放在一个木块上，并在杯底和木块间留一薄层水，如图54。用一根玻璃管送空气进入乙醚，使乙醚迅速蒸发，即见杯底和木块的水层凝结成冰。

结论：水凝固成冰，应有相当的热量放出，此项热量专消耗于乙醚的蒸发，水的温度即发生变化。

物质每1克蒸发时所吸收的热量，称为蒸发热。水由100℃化为同样温度的水汽时，每1克水需热量538卡，即水的蒸发热为538卡，其他物质的蒸发热较此均小。

沸腾

液体的温度越高，其蒸发进行得越速，最后液体底部亦有汽发生，成为气泡，陆续升至液面，此现象通称沸腾（boiling）。此时的温度，则称为沸点（boiling point）。

实验43. 取 J 形玻璃曲管如图55中的 *MNO*，其一端 *O* 封闭，他端 *M* 开放。先用汞盛满全管，次从 *M* 摇去一滴汞，用酒精盛入填满。用手指封住 *M*，将管倒立后，摇动全管，使酒精升到 *O* 的顶上。再从长的一边将汞倾出若干，使其中的汞面比短的一边的汞面还要低一些，如图中所示的程度。然后将此

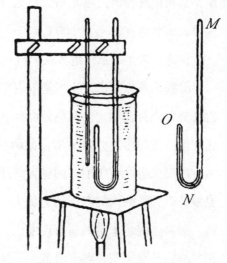

图 55　汽压和大气压

管放入水槽内，升高水槽内的水的温度，使短管受热，即见其中有酒精气泡逐渐发生，将 *ON* 管内的汞面压下。徐徐升高水的温度，使其达到酒精开始沸腾时，即见长短两管内的汞面，恰在同一水平面上。

结论：长管上所受的压力为大气压力，短管所受的压力为酒精的汽压，两管内的汞面等高，即两者的压力相等。由此可知，酒精须待其汽压达于大气压力时，方开始沸腾。再就其他液体实验，亦复如是。

实验44.取一个玻璃瓶 A，如图56，内盛水半满。由瓶塞上插入一根玻璃曲管及一个温度计。此曲管通入第二个玻璃瓶 B，B 的塞上又有一根玻璃管 T，其端附有一小段橡皮管和一个金属夹，以备任意开闭。先将 A 在火上煮沸，经历十分钟后，所有原在 A、B 瓶内的空气，大都被水汽驱逐完净。然后将 A 瓶下的火取去，同时将 T 处的金属夹夹紧，使不漏气，再将 B 瓶放入冷水槽中，使瓶壁受冷，则 B 内的水汽因温度降低而发生凝结，结果使瓶内的汽压减小，即见 A 内的水又复开始沸腾。由温度计可以读得此时的温度，已在 100℃ 以下。

结论：液体的沸点随其表面所受的压力而定，压力下降则沸点亦降低。

沸腾为液体内部发生气泡的现象，所以要知道能否沸腾，只看气泡能否在液体内存在而定。气泡外面须受由液体传来的大气压力作用，而其内面则受汽压的作用，如图57。此两种压力如能相等，气泡方能成立。通常液体内部未尝不有气泡，因受大气压力作用，立被破碎，故不能见。但若温度升高，气泡内的汽压随之加大，直至增到与大气压力相等时即发生沸腾。通常壶内水未沸腾前有声发出，系壶底一层的水，温度较高，发生此种气泡，升至上层，温度已低，不能维持，而被破碎，故有声发出。到得全壶的水均升到沸点以后，气泡即可一往直上，不再破裂，此项响声遂绝。液面压力减少，其沸点随着下降，由此亦可说明。

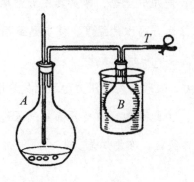

图 56　沸点的压力

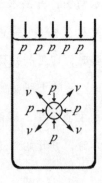

图 57　沸腾

大气内的水分

大气中恒含有一部分水汽，空气的干燥潮湿，即由其中所含有的水分多寡而定。此项关系不仅对于人类的健康，对于许多的工业，也异常重要，例如纺纱就要湿润的空气，方始相宜。如空气尚未饱和，则凡和空气接触的表面，都要发生蒸发现象。河水池水固不必说，潮湿的衣服、皮肤的汗腺等在此状况，都会不停地将水分蒸发出来。到空气将要饱和时，蒸发的量也就大为减少。大气既已饱和以后，如温度再行降低，过剩的水分就凝结成雨雪等物分析出来。

露点

一定容积的空气，只能含有一定量的水分，温度降低，含有的量更少。所以任何时候的空气，只要温度不断降低，必有到达饱和的时候。由此温度如再下降，结果必有一部分过剩的水分凝结出来。在地面上、草上、叶上表现为露（dew）。此时的温度通称露点（dew point）。如露点在 0℃ 下，则表现为霜（frost）。

湿度

如露点和大气现有的温度极接近，即水汽离饱和甚近时，颇易降雨。故露点和天气预报，实有密切的关系。通常表示空气的干湿程度，多不管其实有的水分多少，而用现在实有的水分和现在温度达饱和时所需要的水分的比来表示。这个比，通称相对湿度（relative humidity），即：

$$相对湿度 = \frac{现在实有的水汽分量}{同一容积的空气饱和时应有的水汽分量}。$$

云、雨、雪、雹、雾

海面受日光照及，发生润湿的气流，自下而上逐渐遇冷；达到其露点处，过剩的水分不能收容，遂凝结成细粒，聚合成云（cloud），浮游空中，随风移动。半由上升气流支住，历久不坠。更由种种其他原因，温度继续下降，此种小滴逐渐增大，直至其重量过大，无法支持时，遂降落地面成雨（rain）。至于其能否达到地面，又须视其通过的各气层的湿度如何而定，随降随又蒸发，未必尽能达地。如最初凝结时的温度在冰点下，则成为雪（snow）。雪降至下层，遇有水分再凝结于其外面，更被风刮起，重复上升，再入寒冷气层，水结为冰，即包于雪的周围。如是上下往来若干遍后，始行降至地面，即成为雹（hail）。

又过剩水分由大气中析出时，适在地面上不甚高的处所，则凝成的水珠即浮在地面近旁而成为雾（mist）。在都市中，空气内含有不少的灰尘煤烟，水分颇易在此等细粒周围凝结，即以此项细粒为其核心，遂成为黄雾（brown fog）。

热的传导

实验45.取一段铜棒，在其上刻一列小孔，各孔互隔相等的距离，每一个孔插入一根温度计，如图58，在棒的一端近旁用一个不传热物质的屏

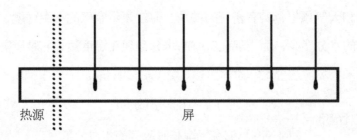

热源　　　　　　　　　屏

图58　热的传导

遮住，用火烧此一端，即见各温度计高低不一，越近热源温度越高，须历相当长久时间后，全棒始成同一个温度。

热由物体的各部分次第传递而过，物质本身并未因此发生移动的现象，称为传导（conduction）。

实验46.用一个水槽，上有若干细孔，在每一个细孔中各插入一根棒，棒质用银、铜、铝、锌、黄铜、铁、铅、玻璃、橡皮、木等各种，棒外各用蜡涂一薄层。各棒均同一大小同一形状。用本生灯加热于水槽，使槽内水温升高，各棒下端当然在同一温度。但各棒上所涂的蜡，并不同样熔化，其中以银棒上的蜡熔化最速，铜棒第二，木棒最后。

结论：各种物质对于热的传导，程度各不相同。

凡容易传热的物体，称为导体（conductor）或良导体（good conductor）；不易传热的物体，称为非导体（non-conductor），或称为不良导体（bad conductor）。一切金属均为导体，尤以银、铜为良，非导体除木外尚有纸、稻草、棉、毛皮等。

实验47.用试验管盛水半满，缚一小块铅于一块冰块上，投入管内，使其沉入管底，然后用本生灯从管的上端加热，不久即见上部水沸，如图59，但管底的冰仍然未融，表示管底水的温度并未充分升高。

结论：使冰融化所要的热，须由管顶徐徐传来，可见水为不易传热的物体，即非导体。

实验48.取同样的电灯泡两个，将一个电灯泡的顶上突出的部分锉去，在灯泡上方开一个小孔，将此两个灯泡各插入灯座上，

图59　水为非导体

送电流入内，使其发光，即见开了孔的灯泡的光较弱，但不久即觉其玻璃泡的温度，远在未开的灯泡之上。

结论：开孔的灯泡有空气在内，故能将白炽灯丝的热量传达到外面的玻璃壁上，所以玻璃逐渐变热，同时灯丝上的热，既被空气携走，故发光不能如前者未开孔时强烈。至于未开孔的灯泡也会发热，其热实由于泡内支架灯丝的玻璃传出，真正的真空并不传热。

实验 49. 取一块金属，形状不拘，大小如胡桃，放在深筒的容器内，上面用水淹住。容器上盖一张厚纸片，煮水令沸。去火使其全体约冷却至60℃时，将纸盖揭开。伸手入筒内试探筒内空气的温度、水的温度及金属的温度。三者本应为同一温度，但做此实验时，则觉金属比水热，水又比空气热。

我们的手和一个温度较高的物体接触，热由物体移到手上使我们感觉其温暖或热。若和温度较低的物体接触，热反由手移到物体上，使我们感觉其冷。所以由移到手上或由手移去的热量，可以判断物体的温度。可是热的移动不仅由于物体实有的温度，还要看它传导得快慢如何方能决定。所以虽有同一温度，良导体传热特别快，遂觉其比其他物为热。由此可知，用手来试探物体的温度实不可靠。但遇着同一温度的各种不同物体时，由此倒可以判断出何者为良导体，何者为非导体。遇到同一种类的物质，始能用手去比较它们的温度。

据上述各种实验的结果，知金属为最良的导体，水已不大容易传热，空气更不传热，真空尤甚。

金属网、安全灯、保温瓶

实验 50. 取一块铜网或铁网，架在本生灯的火焰当中，如图60，即见网上的火焰消灭。但若将火焰吹熄，从网上用火点燃，即见网上有焰，网下没有，恰和先前相反。

结论：金属系最良的导体，火焰中的热量，经由金属网极迅速，所以网上的煤气温度降低，不足以引起燃烧，第二次的实验，亦复相同。

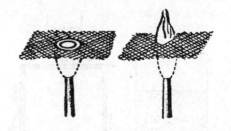

图 60　金属网和火焰

安全灯（safety lamp）是在通常的油灯外面再套一个金属网罩，在矿坑中遇到爆发的气体时，气体可以自由通入网内，即在内部爆发，火焰不能透出外，与前实验同，故外面不致爆发。

我们日常使用的保温瓶的要部是一个双层的玻璃瓶，外面装一个金属壳以作保护，如图 61。双重玻璃壁间是真空，所以内壁的热不会传到外壁上去，因此可将瓶内的热水水温保至十余小时。同样，如用来盛冰冻过的液体，外壁的热，不能传到内壁，所以也能持久。

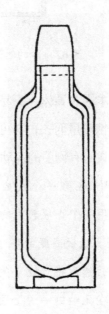

图 61　保温瓶

对流

实验 51. 取一个玻璃杯，内盛水，放一小粒洋红于水中，即沉至水底，渐次溶解于水，将水染红。用火从杯底徐徐加热，即由着色部分，可以察见水由杯底升起，表面的冷水则由周围沉下以作补充。如图 62（a）。于是此去彼来，全杯中发生循环不已的流动。

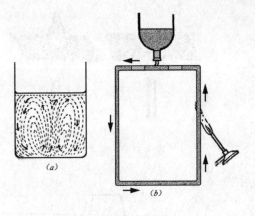

图 62　水的对流

实验 52. 取一根矩形玻璃管，如图 62（b），从右边的管加热，受热的水上升，左边冷水流来补充，遂在管内发生箭头所示方向的水流。如从左边的管加热，水流方向则与此相反。

结论：用此法可使全容器内的水，于短期内升至同一温度，能将热分布于其各部分。

水本为非导体，不易传热，但若用上述实验的方法，因物质分子的移动，随携热量而去，亦可将热由一处移至它处。此种热的移动，与传导不同处即在必有物质的运动相伴而生的一点，通称对流（convection）。

实验 53. 取一个浅盆，在盆底竖立一根蜡烛，盆内盛一薄层水，点燃蜡烛。用一个直径较宽的玻璃圆筒，中间插入一条纸板将圆筒隔为两半，如图 63。纸板离底约半寸。将此圆筒套在烛火外面，然后将点燃了的香烟，放在筒上检查，如在无烛的一边上面，其烟向下，在有烛的一边上面，则其烟向上。

结论：空气的受热情形也和水一样，和烛火接触的空气受热升起后，隔壁的冷空气由下方流来补充，如是循环不已，成为空气的对流。

气体液体受热后，均必膨胀，即其比重减轻，故向上升起；而比重较大的冷的气体或液体，则沉下填补其缺。对流的发生原因

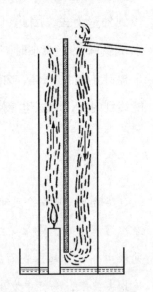

图 63　气体的对流

即在于此。固体物质的微粒，移动不易，故其传热，专靠传导作用。

室内空气的交换

室内如生火炉，其废气由烟囱排出，新空气则由门窗缝隙流入以补其缺，冬季对炉而坐的人遇有人开门出入时，觉有冷气自背后吹来，即其明证，室内空气由此而得换气。如不生火炉而用热水或热汽管，则须在天花板的近旁开一个孔备废气排出，在近地板处开孔导入新鲜空气以作补充，而热管即装在孔前，使其进立即受热。

风

地面各部分受到由太阳传来的热，并不相同，以赤道近旁最多，两极近旁最少，故各地气温各异。赤道近旁的大气温度最高，故大气膨胀后向上升起，两极的冷空气立即流来补充，成为自然界的一大对流。即就同一地点而论，如其空气受热，亦必上升，他处的冷空气亦即流来填补。凡如此类大量空气发生流动时，通称风（wind）。其吹来的方向，称风向。如由东方吹来，就称为东风；由西南方吹来，就称为西南风，余类推。每秒间空气移动的距离，如用米作单位表示，称为风速。因风速的不同，发生的效果也就大有区别。通常就此种区别，将风力分为18个等级，各有一定的名称，如微风、软风、和风、大风、狂风、暴风、飓风等。

辐射

前面在"室内空气的交换"这一小节，已曾述过，室内生火则由门窗缝穴有气流正向火炉流来，而受热的空气则由烟囱中流出外面。那么，室内又怎能温暖？当我们立在火炉面前，总觉热气逼人，而实际由火炉到我

们面前并没有对流发生。空气又是不良导体，即使可以传导少量的热，也当受由窗户向火炉而去的气流妨碍不能到达，所以也不是传导。不但如此，传导与对流是逐步进行不能中止的。可是火炉传来的热，只要用任何一种物质，例如一张报纸，也可以隔断。可见这种热的移动方法和传导对流均不相同，完全是另一种。此种新方法，通称辐射（radiation）。由辐射传达的热，称为辐射热（radiant heat）。辐射热可由一点经行射至远处，中间不必要有物质的联络，即令有物体介在其间，此项物体亦绝不因有辐射热的通过，而使其温度升高。

由太阳到地球的热

前面曾提到地面上的热大都来自太阳。由太阳传到地球上的热，均为辐射热，其进行必沿一条直线。每当日食或太阳为云遮住的一瞬间，由太阳而来的热，均被隔断，即其明证。

本章摘要

1. 地面上的热，大都来自太阳，所以有四季的分别。

2. 热量是物体实际含有的热，温度是物体表现于外的冷热程度。

3. 温度计上的两个定点是水的冰点和沸点。

4. 一切物质，遇热均必膨胀，遇冷均必收缩。

5. 体胀系数是温度升高 1℃，所增加的体积与其原有体积的比；线胀系数是温度升高 1℃，一边所增加的长与其原有长度的比。两者均为各种物质所特有的常数。

6. 热量的单位用卡，是 1 克的水升高 1℃ 所需要的热量。

7. 热容量是使一个物体的温度升高 1℃ 所需要的热量。

8. 比热容是各种物质每 1 克升高 1℃ 所需要的热量。

9. 一切物质均能经过固、液、气的三种状态。

10. 熔解是固体化为液体的现象，而熔点是熔解发生时的温度。

11. 凝固是液体化为固体的现象，凝点是发生凝固所表现的温度。

12. 潜热是发生状态变化所需要的热。由固体化为液体时称为熔化热，由液体化为固体时称为凝固热，由液体化为气体时称为蒸发热，由气体化为液体时称为凝结热。

13. 当水凝固时体积膨胀。

14. 压力加大时熔点当降低。

15. 汽化是液体化为气体的现象，蒸发是只在表面上发生汽化的现象，凝结是气体化为液体的现象。

16. 汽压是液体蒸发成汽后所表现的压力。

17. 饱和汽是汽压已达最大值时的汽。

18. 沸腾是液体内部亦有蒸发现象发生的现象，沸点是发生沸腾时的温度。

19. 露点是使温度降低到大气中现含有的水分达到饱和时的温度。

20. 相对湿度是大气中现在实有的水分，对于同一温度而成饱和状况时应有的水分的比。

21. 露、霜、雨、云、雪、雹、雾是气温降低后大气中过剩水分凝结而成的。

22. 热的移动方法共有传导、对流和辐射三种。

23. 传导是固体传热的方法，物质的微粒并不移动，热仅由其一部分次第转移而达到其他部分。

24. 对流是液体传热的方法，物质本身发生循环不已的大移动，热即随着物质移动。

25. 风是自然界中的大规模的对流现象，由于地面上受热不均而生。

问题

1. 深的井水一年中用温度计检查，其温度并无多大的变化，何以觉其冬温夏凉？

2. 泰山藏的温凉玉，以手触其一端觉温，触其他端觉凉，故有此名，是何缘故？

3. 温度计的外面是玻璃管，里面是水银，受热后两者均应膨胀，何以仍旧能将温度量出？

4. 温度计拿到火上一烘，立刻炸碎，是何缘放？

5. 加铁箍到桶上或车轮上，必须将箍烧热，然后加上，否则即难箍紧，是什么缘故？

6. 用旧了的橡皮球，只要拿到火上去烘，不久又鼓胀起来，和新的相似，是什么缘故？

7. 玻璃瓶上的玻璃塞不易拔脱时，只须用水淋瓶颈，即可拔出，是何缘故？

8. 电车火车的轨道接合处必留少许空隙，为什么？

9. 点着的煤油灯罩上，如溅一两滴水，立即炸裂，是什么缘故？

10. 将竹子、麦秆等投入火中，必闻炸裂的声音，若投木炭入火，有时竟有火星四向进飞而出，是何缘故？

11. 夏季不可将脚踏车放在日光下过久，否则车胎有破裂的危险，是什么缘故?

12.棉衣、棉被用久了嫌其不暖,拿到日光下晒过,又恢复松暖如新,是什么缘故?

13.夏天用玻璃杯盛冰水,或盛由井中新提的水,不久玻璃杯外面即被小水珠布满,是什么缘故?

14.向镜面呼气,也会使镜面生雾,是什么缘故?

15.冬季在室外,口鼻中均有白色的气呼出,那是什么?为什么夏季没有?

16.用水洗过的衣服何以会晾干?有风吹过的时候,干得快些;在阳光下面晒,也干得快些,是什么缘故?

17.煤油灯的铜件,若不常加揩抹,灯即不明,是何缘故?

18.煤油灯未加灯罩时甚暗,加用灯罩即明,是何缘故?

19.炉内的火,不用时可用灰蔽住,即可历久不熄,是什么缘故?

20.打翻了煤油灯或洋油炉子时,不能用水淋,须用沙盖住,或用棉被等物盖住,即可熄灭,是什么缘故?

21.空气不流通,固然不能引起充分的燃烧,但流通过多,如烛火遇风,反而吹熄,是什么缘故?

22.火上加油,燃烧更烈,加水则熄,是何缘故?若浇以沸水,又当如何?

23.假如嫌室内冷气的水分过多,有何简便方法保持原有的水汽分量而减少其湿度?

24.下雨天洗的衣服不易干燥,拿到火上烘过,不久即干,是何缘故?

25.大气中所含有的水汽的分量,夏季恒较冬季多,何以冬天晒的衣服,反不及夏天的容易干?

26.冬季戴眼镜的人,走入生有火炉的室内,眼镜上即生雾,必须擦拭干净才能看清，是什么缘故？

27. 冬季对玻璃窗呼气，窗上立即起雾，但不久又自行消灭，是何缘故？

28. 夏季的云忽生忽灭，是何缘故？

29. 云既为水滴集成，何以不会降下来？

30. 冬季晨起，每见玻璃窗上如水淋湿的一般，若遇严寒，上面又布满各种花纹，是何缘故？

31. 在玻璃上用手指写字作画，并不看见图案，但若对玻璃呼气后，所作的字画立即明显露出，是何缘故？

32. 严寒时用湿手握金属物体，手即被粘住，是何缘故？

33. 海边昼间的风向恒由海向陆地吹来，夜间的风则由陆地向海吹去，是何缘故？

34. 晴天始有露水出现，阴天甚少，阴天而又有风时，绝对无露，是何缘故？

35. 落雨之前，何以先要积云？

36. 有一句古语说"础润而雨"，其理由安在？

37. 烧开水何以要用铜铁等类的金属容器？

38. 夏季在水中游泳时并不觉冷，但一出水外，即觉寒不可耐，是何缘故？

39. 夏日用扇，可以生凉，何以扇温度计，不能使其汞面降下？

40. 夏季苦热，多用水洒街上及庭院，住在南洋的人，每日必须用冷水从头淋身数次方可减少疾病，是何缘故？

41. 嫌茶太热，或用口吹，或用两个茶杯，将茶倒来倒去，不久即凉，是何缘故？

42. 病人发热过高，须用冰枕冰袋，放在头上，即可减少苦痛。无冰时就用冷水亦可，不过终不及用冰好些，是何缘故？

43. 机械运转时，必有热伴随发生，热量过多，机件多易毁坏。通常为避免此弊起见，多用冷水管环绕于发热部分的四周，即可奏效，是何缘故？何以不用他种物质而专用水？

44. 着湿衣容易伤风，是何缘故？

45. 夏雨将来，闷热难堪，是何缘故？

46. 镀锡铁水壶的底，是用焊锡焊上的，何以壶内的水虽被煮沸，而焊锡并未熔化？壶内无水时又如何？

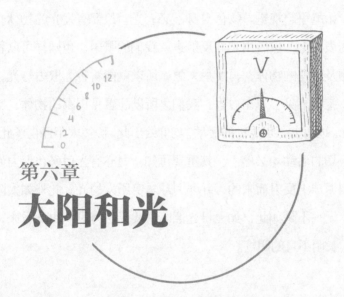

第六章
太阳和光

太阳和光

我们能够看见周围的物体，由于有光（light）从这些物体上发出，射到眼中，始能引起视觉。物体自身不必有光，只要有发光的物体，将光射到它们的表面上，然后由表面反射进入我们的眼中，也同样可以看见。夜间灯光照及屋内的物体，再反射入眼，所以就能看见。取去灯光，一切都成黑暗，就看不见了。在白昼，我们之所以能看见周围的物体，实赖太阳传来的光。地面上一切生物的活动，均仰给于此。假使太阳停止了此项供给，地面上一切的活动均必停止，其重要可知。月亦有光射来，但月光也就是太阳射到月球上反射而来的，并非月球本身所发的光。此外如太阳系中的各行星，无一不是如此，如无日光照着，实无法得见。由此看来，太阳实自然界中长明不息的明灯。

昼夜的变化

地球一刻不停地在地轴周围自转，故其向着太阳的部分随时都在移动。其正向着太阳处为昼，背着太阳处为夜。每一自转各地方即有昼夜，合一昼夜则为一日。

地球与太阳相距极远，故由太阳而来的光大致是平行的。地面上昼夜的分界处，是一个大圆恰将地球分作两半。假使这个大圆能够通过南北极，地面上任何地点的昼夜长短都应相等。实际上因为地球的自转轴和地球的公转轴有 23.5° 的倾斜，所以昼夜的境界线不能通过两极，昼夜因此也不等长。一年中只有春分，即 3 月 20 或 21 日，以及秋分，即 9 月 22、23 或 24 日，此项划分昼夜的境界太阳和线，恰从两极通过，所以在这两天，地面上任何地方的昼夜都是平分的。到夏至，即 6 月 21 或 22 日，北半球上的昼间已增到极长，夜间减到极短。到冬至，即 12 月 21、22 或 23 日，北半球上的昼间已减到极短，夜间增到极长。

光波

光波（light wave）通常指电磁波谱中的可见光，能刺激视觉神经，使我们产生视觉。光属于辐射的一种，其在真空中的波长在 0.00040 ~ 0.00076 厘米（400 ~ 760 纳米）。

光的直进

实验 54. 取三张厚纸，各开一个小孔，用架支住，如图 64，然后用细线悬锤，将线由此三张纸上的小孔穿过，仍取垂直的方向。此时三个小孔恰在一条直线上。将细线取去，在下面点灯，用眼从纸上面就小孔望下，可以看见下面的灯光在其他方向就看不见。

由此可知，光波的传播是沿着一条直线进行的，这个现象称为光的直线传播（rectilinear propagation of light）。用一条直线表示其进行方向，称为光线（light way）。

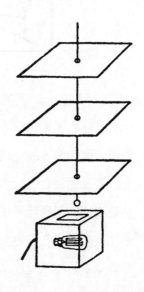

图 64　光的直线传播

小孔成像

实验55.取一个小木盒，一端装一块毛玻璃，另一端装一个黑色纸板，在纸板的正中开一个针孔，这个器械通称针孔照相机。在这个小孔前面插一根点燃的蜡烛，如图65的 *ABC*，即可在玻璃板上看见和烛火同一形状的图形。最好用黑布蒙头，和照相人配光时一样，将烛火直接射来的光隔断，图形就特别鲜明。若在原来的小孔近旁另开一个小孔，玻璃板上即多现出一个图形，和原成的圆形相并而立。加多小孔的数，图形的数也跟着增加，彼此相重，成为轮廓不明的形状。

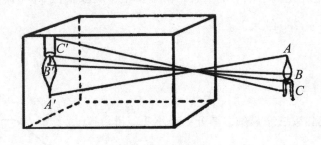

图65　小孔成像

在针孔照相机后面的毛玻璃板上现出来的图形和立在针孔前面的实物相似，称为像（image）。此现象可由光的直线传播说明。即由实物发出的光，要能通过针孔，方能达到玻璃板。所以实物上各点都只有一条光线照及玻璃板，而所照及的地点彼此各不相同，故能造成和实物相似的像。如小孔数多，或孔径过大，板上一点同时可受到实物上数点的光，则其结果即模糊不明。

影

光系直进，如中途遇有不能透过的物体，即在其背造成黑暗区域，通称影（shadow）。影有浓淡的不同，浓处完全无光可见，称为全影（umbra），淡处可见一小部分的光，称为半影（penumbra）。能造影的物体称不透明体（opaque body），光可自由通过的物体称透明体（transparent body）。

实验56.放一个圆球于光源和纸屏的中间，即见球的背后有影出现。光源甚大时，屏上的影即有浓淡不同处，如图66左边所示，球越近屏，全影越显明。球近光源，则成半影。

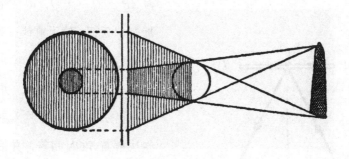

图66　影

日食和月食

前面实验中的光源，如为太阳，球体为月，屏为地球，三者运行一直线上时，月影即投到地上，成为日食（solar eclipse）；又如地球运行至日月之间，地球的影投到月上，即成月食（lunar eclipse）。

镜面的反射

在物体的表面上任何一点 O，如图67，引一条直线 ON 和表面垂直，此直线称为法线（normal）。如光源在 A，由 A 射到 O 的光线 AO 称为入射线（incident ray），其和法线间的角 AON 称为入射角（angle of incidence）。光线由 O 点反射而回的方向，如为 OB，直线 OB 即称反射

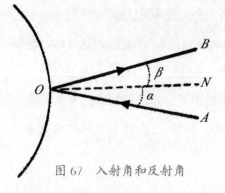

图 67　入射角和反射角

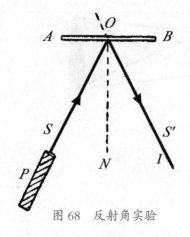

图 68　反射角实验

线（reflected ray），其与法线所成的角 *NOB* 称为反射角（angle of reflection）。

实验 57. 用一个手电筒，如图 68 中的 *P*，放出一条水平光线 *S*，使其于暗室内照射在直立着的镜面 *AB* 上的一点 *O*，即见光由 *O* 点折向 *S′* 而回。镜面前铺一张白纸，光线经过处可在纸上现出，用铅笔将来去的光线画下，并在 *O* 点添画出法线 *ON*。即见入射角 *SON* 和反射角 *S′ON* 相等，并且从镜内映出来的入射线 *SO* 的像为 *OI*，恰在反射线 *OS′* 的延长上。转动镜面 *AB*，使入射角变化，反射角仍和投射角相等。

由上述实验的结果可知：入射角恒与反射角相等；入射线、反射线和法线在同一平面上。此项关系，通称反射定律（law of reflection）。

光的反射

由太阳而来的平行光线，遇到一个平面，如图 69 的 *MN*，遵照反射定律，反射后的各条光线，彼此仍旧是互相平行的。这样的平面，就是我们所谓平面镜（plane mirror）。通常光滑的平面，也都有这样的性质，像这样的反射，通常称为单向反射（regular reflection）。但平行光线遇到凹凸不平的表面，如图 70 的 *SR*，反射后的光线，没有一定的方向，所以各方面都有反射光到达，这种反射称为漫反射（irregular reflection），又称散射（scattering），反射后的光称为散光（scattered light）。通常的物体表面，都是不平滑的，我们能够看见这些物体，全靠这种散射。

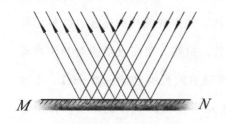

图 69　单向反射

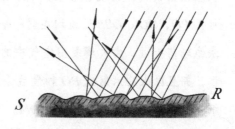

图 70　漫反射

光的折射

　　光线由一种介质进入第二种介质时，其进行的方向发生相当的变化，这种现象，通称折射（refraction）。如图 71 的 *IO* 表第一介质中的光线，称为入射线，*OR* 表示在第二种介质内的光线，称为折射线（refracted ray）。*NN′* 表示两境界面的法线，则 *ION* 为入射角，而 *N′OR* 称为折射角（angle of refraction）。

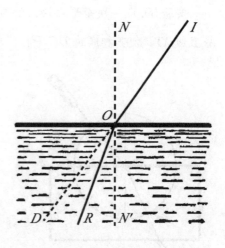

图 71　反射方向

折射定律

实验58.取一块矩形玻璃，如图72的*ABCD*，放在画图板上的白纸上，持入暗室内，用手电筒放出一条极细的光线*PO*，使其取水平方向由*O*点射入玻璃，用别针四枚，将光线从何处来、由何处进玻璃、由何处出玻璃以及出后向何方而去，各插一根针表示出，得*P*、*O*、*O'*、*P'*四点，由此可见*PO*、*OO'*、*O'P'*三线均在同一平面内。进入玻璃内的光线，折射后和法线较前接近。由玻璃复出空气中的光线，折射后较在玻璃中时和法线离远，并且原来的入射线*PO*和最后透出玻璃后的光线*P'O'*互相平行。在白纸上将*AB*边画下，又引法线*OM*。取去矩形玻璃，以*O*点为心，任意的长*OP*为半径，画一个圆周，和玻璃内光线*OO'*的交点命为*Q*，从*P*和*Q*引垂线*PM*、*QN*到法线上，量度此两垂线的长，求两者的比 $\dfrac{PM}{QN}$。

其次将玻璃放还原处，移动手电筒，使入射角取各种不同的值，照样一一将 $\dfrac{PM}{QN}$ 的值算出，结果其值均一定不变。

实验59.取一块矩形木块，如图73的*ABCD*，并在其侧面用铅笔画一条直线*XY*，使其和底边*DC*平行，在*XY*上任取一点*O*为中心，以任意的

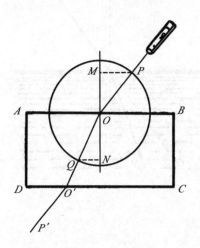

图72 折射定律的实验之一

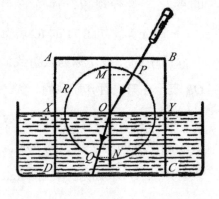

图73 折射定律的实验之二

半径 *OP* 作圆 *QRP*，引法线 *MON*。在圆周上任取一点 *Q*，不可离法线太远，用别针插在此点。然后将木块放在盆内，倾水入盆使水面恰和 *XY* 一致。用手电筒在暗室放一条光线沿木块的边射至 *O* 点，其方向为 *PO*，变更 *PO* 的方向，使其进入水的折射线恰好通过 *Q* 点。即用别针在圆周上将 *P* 点插下。取出木块后，再引法线 *MON* 的垂线 *PM* 和 *QN*，求 $\dfrac{PM}{QN}$。

其次移动 *Q* 点的针，使其在圆周上另取一点，照样作上面的实验，先求得 *P* 点的位置，再求出 $\dfrac{PM}{QN}$ 的值。

由上述各种实验的结果，可知光线由空气进入第二种介质中时，照上法取得的比 $\dfrac{PM}{QN}$，是一定不变的一个常数，其值由第二种介质的种类而定。此数通称第二介质的"折射率"（index of refraction）。玻璃的折射率等于 1.52，水的折射率等于 1.33，约等于 $\dfrac{3}{4}$。

水内物体的实深

实验 60. 碗内放一枚铜元，使眼睛由碗旁渐次远离，直至碗内的铜元恰好被碗边遮住为止。用水注入碗内，铜元又可得见，宛如铜元从水底浮起了一般，如图 74。

由图 74 可见，进入眼中的光线虽确由铜元发出，但当其出空气时，须在水面经过一度的折射作用，所以眼中所见的铜元比实际的铜元的位置略高。其实际的深和眼中所见的深的比，等于水的折射率，即 $\dfrac{3}{4}$。

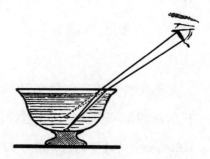

图 74　铜元的浮起

全反射

实验 61. 取一个圆底玻璃瓶，盛水令半满，其水面 *AA'* 如图 75 所示。水内加少许洋红，令其染成红色。在暗室内用手电筒送来一条光线，取 *MO* 的方向进入水内，透过后取 *ON* 的方向入于空气中。增大入射角 *MOR*，使透出空气的方向恰与水面相接，此时的投射角 *M'OR*，通称临界角。入射角如较临界角更大，则光线无法透出水面上，故在水面上不能见光。

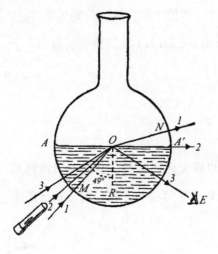

图 75　临界角

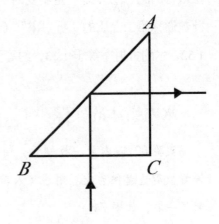

图 76　全反射棱镜

凡入射角超过临界角时，无光透过，即其全部的光，一律由境界反射折回第一介质内，此时的反射光特别强烈，通称"全反射"（total reflection）。玻璃的临界角为 42°，水的临界角 49°。

图 76 的 *ABC* 表示一个玻璃三角柱的截面，是等腰直角三角形，入射线如与 *AC* 垂直，则对于斜边 *AB* 的入射角，应为 45°，比临界角 42° 大，故反射时成为全反射。望远镜、潜望镜中多使用此物，就是利用全反射。

棱镜

实验62. 玻璃三角柱，通称棱镜。图77的*ABC*，表示一个任意棱镜的截面。将此棱镜竖立于画图板的白纸上，用手电筒送一条光线从棱镜透过，在白纸上将两度折射的路径绘出。最后的透过光线*RS*和最初的入射线*PQ*间的角*UTR*，称为偏向。设将*PQ*的方向固定不变，使棱镜在图面上绕*Q*点转动，则偏向的角度亦随着变化。但此角有一个最低的限度，其值由棱镜的物质及顶角A而定，通称最小偏向。

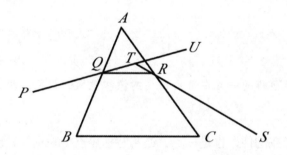

图77　棱镜中的折射

镜面所成的像

实验63. 用手电筒放出一束光线，使其斜对着一面镜子射来，如图78中的*MA′B′*，在白纸上就此一束光的两边，用铅笔各画一条直线记出。按反射定律求出反射线*A′C*和*B′D*。在纸上将此两直线向镜后延长，得其交点*M′*。如在*M*和*M′*各插一根针，眼睛从*E*处观察，即见*A′C*和*B′D*似从*M′*射来，而*M*处的针在镜后造成的像，也就在这个*M*点。再用直线连接*MM′*和直线*AB*相交于*A*点，即见*MM′*垂直于*AB*，并且*MA* = *M′A*。

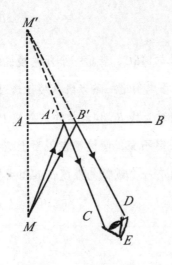

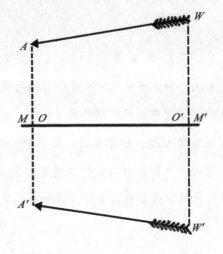

图 78　一点造成的像　　　　　　　图 79　物体的像

结论：镜面前的一点在镜后造成的像和镜面的距离，即等于此点和镜面间的距离。

凡一点造成的像，也是一点，通常特称焦点（focus）。物体可看成由许多的点集合而成，各点各有一像，此等像点集合起来，成物体的像。如图 79，镜面 MM' 前有一支箭 AW，如求其像，先引法线 AA' 及 WW'，取 $A'O$、$W'O'$ 各等于 AO、WO'，连接起来即得箭的像 $A'W'$。

实像和虚像

前面的在针孔照相机一小节，也会造成和实物一样的像。那种像是实在的光线在此点集合成功的，所以称为实像（real image）。而此处所说的镜面造成的像，并非光线真正集合于镜背后的一点而成，只不过反射后的光线在我们眼中看去，好像是由镜背后发出来的罢了。这种像通称虚像（virtual image）。此外还有像的大小远近等，均各不同。通常对于造成的像，共有 6 个问题，即像和实物是否同在镜的一边？是虚像还是实像？像和镜面的距离如何？像比实物要大些还是小些？左右是否反转？上下是否颠倒？

球面镜

反射的镜面，不限于平面，就是曲面也一样的重要。尤其是一个球面，通称球面镜（spherical mirror）。镜的反射面是球面的外面时，称为凸镜（convex mirror）；是球面的里面时，则称为凹镜（concave mirror）。如图 80，MM' 表示一块球面镜，C 表示球面的中心，称为曲率中心（center of curvature），而镜面正中的一点 V，则称为顶点（vertex）。通过此点和曲率中心的直线 AB，称为主轴（principal axis）。其他通过曲率中心的直线，如 CD 等，称为副轴，角 MCM' 称孔径（aperture）。凡由轴上 C 点射到镜面的光线，皆为球面的半径，故反射后仍沿原来的路折回原处，和垂直射到平面镜上时一样。

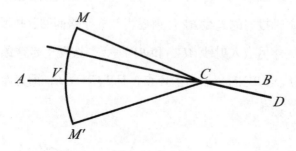

图 80　球面镜

主焦点

实验 64. 将凹镜装在镜架上，使其直立，由暗室壁上的小孔，导入一束平行光线射到凹镜上，即见反射线集中于一点。如将艾草或火柴放在此点，可以点燃。

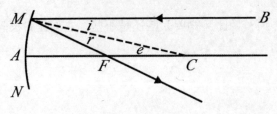

图 81　凹镜的焦点

凡平行光线经凹镜反射后，均集中于一点，为主焦点（principal focus），其位置可由图上求出。图 81 的 *MN* 表示凹镜，和其主轴 *AC* 平行的光线 *BM* 反射后取 *MF* 的方向，连接 *M* 和曲率中心 *C*，则角 *i* 等于 *r*。此 *F* 点即所求的主焦点，其与镜面间的距离 *FA*，称为主焦距（principal focal length），其值恰等于曲率半径的一半，即 *F* 为 *AC* 的中点。

实验 65. 将前实验中的凹镜取去，换一个凸镜做同样的实验，即见反射后的光线，四向散开，不能集合于一点。

凸镜虽不能使平行光线的反射线集合于一点，但是若将反射线向镜后延长，即可在镜后的一点集合，即成虚焦点，其位置由作图上可以求出。如图 82，沿主轴投射的光线 *BV* 反射后当然取原路而回，故所求的虚焦点应在其上。此外另取入射线 *AU*，和 *BV* 平行，按反射定律绘出其反射线 *UD*，其延长线与 *BV* 的交点 *F* 虚焦点，且 *FV* = *OF*，即焦距等于曲率径的一半，与凹镜同。

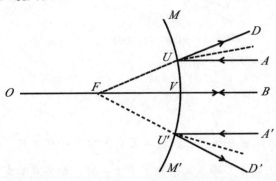

图 82　凸镜的虚焦点

透镜

视力不佳的人所戴的眼镜、字体太小不能察看时所用的放大镜以及手电筒前面装的镜片、望远镜、显微镜、照相器等使用的镜片，都是玻璃磨成的曲面薄片，通称透镜（lens）。有些是两面都成球面的，有些一面是平面的。分为两类，一类如图83的左边三种，中心厚周围薄，其作用在使透过的光线收缩，故名会聚透镜（converging lens），又名凸透镜（convex lens）。右边的三种，中心薄周围厚，其作用在使透过的光线散开，故名发散透镜（diverging lens），又名凹透镜（concave lens）。

平行光线经凸透镜通过后，集中于一点，此点为透镜的主焦点（principal focus）。

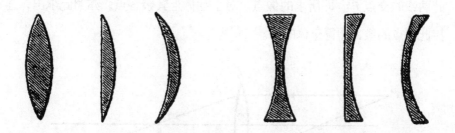

图83　凸透镜和凹透镜

实验66. 将凸透镜装在架上，使其直立，用手电筒或由暗室壁上小孔导入一束光线，投射到凸透镜上，用一张纸片在透镜的另一边前后移动，即可将各光线集中的一点映出，如图84的 F 点，此点即凸透镜的主焦点。从透镜中点 O 到此点的距离 OF，为透镜的焦距。

实验67. 将前实验中的凸透镜撤去，换一个凹透镜，即见平行光线透过凹透镜后，四向散开，但若相反延长，亦相交于一点 F，如图85，此 F 点在光点射来的一边，并非光线真正集中于此，所以就用纸片放在此处，绝无光点映出，这样的焦点，即虚焦点。

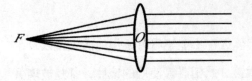 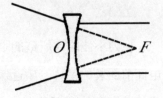

图 84　凸透镜的实焦点　　　　　图 85　凹透镜的实焦点

透镜所成的像

　　根据透镜的主焦点的性质，可由作图法求出实物经透镜造成的像。如图 86，*FF′* 表示透镜两边的焦点，由 *P* 点发出的光线 *PL* 和主轴平行，透过透镜后当通过 *F′* 点，而光线 *PF* 通过焦点 *F*，故透过光线应和主轴平行。此两线的交点 *P′*，即所求的像点。对于物体上其余各点，亦照此求出，连接此各点的像，即得全体的像。

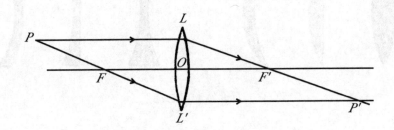

图 86　透镜所成的像

　　实验 68. 将凸透镜装在架上，或如图 87（*a*），用夹子夹住，使其直立，放在一条直线 F_2O 上，再在纸屏上开一个三角形的孔，如（*b*），并用细丝在此孔上架成双十字形，如 *AB*，用极薄而透明的纸盖住，由透镜所在的一点 *L* 起，取 $LF′ = F′F″ = LF_1 = F_1F_2 =$（透镜的焦距）。然后将有孔的纸屏放在 *F″* 以外的一点 *O*，在孔后用电灯将此孔照明。在暗室移动另一纸屏 *I*，使小孔及丝网的像生在上面。量度此时 *LO* 和 *LI* 的距离，再量度两条细丝间的距离 AB 和其像上的距离 $A'B'$，即得 $\dfrac{A'B'}{AB} = \dfrac{LI}{LO} =$ $\dfrac{\text{像与透镜的距离}}{\text{实物与透镜的距离}}$，此比通称放大率。

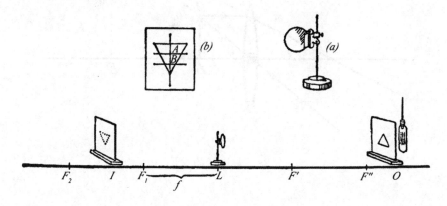

图 87　实物和像的远近

其次移动丝网十字架的位置，则其像亦随之变化如下：

实物的位置	像的位置	像的性质	放大率
在 F'' 以外	F_1 与 F 之间	倒立实像	缩小
在 F'' 点	F_2	倒立实像	同大
在 F'' 与 F' 之间	在 F_2 以外	倒立实像	放大
在 F' 点	无穷远	无	
在 F' 与透镜间		不能结成实像	

当实物在 F' 和透镜间时，虽不能在纸屏 I 上结成实像，但若将纸屏撤去，隔着透镜望去，就可以看见正立放大的像。其位置可照图 88 由作图法求出，按照前法，知 CF 为一条透过光线，其通过 F' 的光线，不与

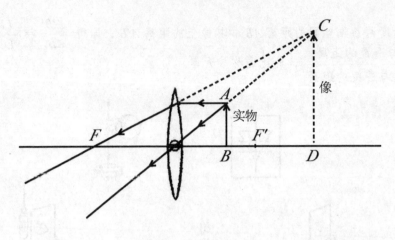

图 88　凸透镜的虚像

透镜面相交，故不适用。但若改用通过透镜中心 O 的光线 AO，此光线和由一块玻璃薄板通过的光线相同，虽透过透镜，亦不改变方向。故将此两直线 CF 与 AO 相反延长，即得 C 点为 A 点的像。但 C 点既非实际光线的集合，所以是虚像，并且是正立着的，较实物为大。

　　其次再用凹透镜做同样的实验，即可见由此造成的像，如图 89，恒为缩小的正立虚像。

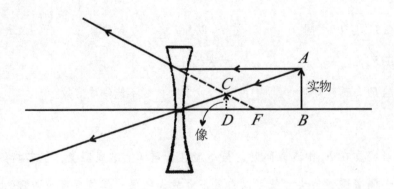

图 89　凹透镜所成的虚像

照相器

将焦距约等于 15 厘米的凸透镜 L 装在架上，如图 90，使其能在横棒 AB 上左右滑动。AB 的右端立一块毛玻璃 S。滑动 L 使其左边的实物在 S 上造成鲜明的像，若再用黑布将观察人的头蒙住，同时将此器均行包住，只留 L 在外，其像更明。照相机即本此理而成。

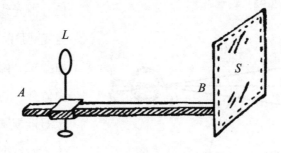

图 90　照相器原理

眼睛

我们的眼睛也具有和照相机一样的作用，将外面的物体的像造在眼球内部的视网膜上，如图 91，在照相机，其透镜须移进移出，使在板上的像极其明显，在眼则须变更眼中的晶状体的弯曲度，使其焦距随物体的远近而定。这种作用，由筋肉的收缩可以办到，通称眼的调节（accommodation of eye）。眼中的瞳孔为调节光量多少而设，和照相机内的节光板同一作用。

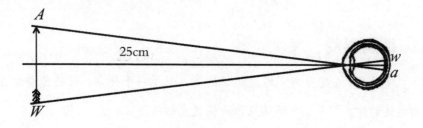

图 91　正常的眼

眼镜

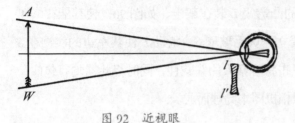

图 92　近视眼

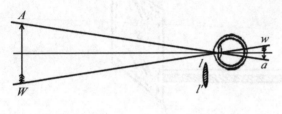

图 93　远视眼

健全的眼，筋肉不必张紧，即可将平行光线集中于视网膜上，但如晶状体变厚或眼球过长，则光线集中处，适当视网膜前面少许距离，如图 92，除近在眼前的物体外，均不能明察，此即近视眼。在此种眼前，加一个凹透镜，使光线入眼前，预行略微散开，其像即可到达视网膜上，这就是我们要使用眼镜的缘故。又如晶状体变薄或眼球太短，如图 93，光线集中于视网膜后，非极远的物体不能明察，此即远视眼。此时所使用的眼镜为凸透镜。还有年老的人，筋肉不能过于收缩，结果也和远视相同，也要用凸透镜的眼镜。

健全的眼，对于眼前相距 15 厘米以上的物体皆能明察，但距离在 25 厘米时，尤易看见，且不觉疲劳，是为明视距离（distance of distinct vision）。

活动影戏

实验 69. 在暗室内观察点燃了的香，只见一个光点。若将此香拿在手内迅速转动，即见香火连续成为一条发光的细条。

实验 70. 电扇转动时，从正面看去，其各叶板已连成为一片，不能分开。

但若将折扇张开，放在电扇和眼睛的中间，眼睛从扇骨下边空隙处观望，随着使折扇向左或向右移动，只要移动的速度适宜，即可看见电扇上一张一张的叶板，并不相连。

由上述实验可见，我们的视觉有保留性。即将光源移去，但光源在我们眼内所起的视觉，并不立即消灭，这个现象，通称视觉暂留（persistence of vision）。应用此原理，拿一条胶片做成的照相片，装在照相机内，每隔 $\frac{1}{15}$ 秒，将透镜放开一次，照取一张相片。如是陆续照成的相片，再放入映画器内，仍每隔 $\frac{1}{15}$ 秒，在屏幕上映出一张，在观者看来，前一张的印象未消，后一张又到，彼此连接一气，和实物的运动完全一致。这就是"活动影戏"（moving picture）。

放大镜

日常使用的放大镜就是一个凸透镜，放在眼前，即可隔着透镜看见物体的放大的像。物体和透镜间的距离，较焦距略小，像和眼的距离则以明视距离为最佳。像的大小和实物大小的比，通称放大镜的放大率（magnifying power），即明视距离和焦距的比。

显微镜和望远镜

显微镜（microscope）和望远镜（telescope）构造大致相同，不过使用的目的各异而已，其正对实物的透镜，称物镜（objective），正对着眼的透镜，称目镜（eyepiece）。

光的分散

实验 71. 在纸板上开一条直立的缝，或用金属制成的缝，如图 94 的 S，

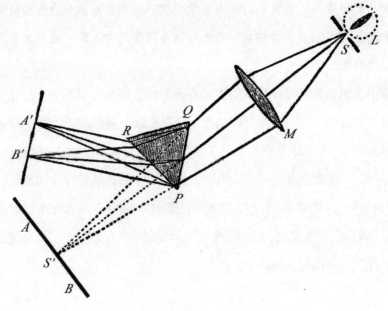

图 94　光的分散

从后面用强烈的电弧 *L* 照着。用透镜 *M* 使缝的像 *S'* 造在屏 *AB* 上面。在光线未到屏前，中途放一个棱镜，光线由此中透过后，偏向的结果，*S'* 处已无像可成。此时若将屏由 *AB* 移至 *A'B'* 的位置，见从 *B'* 到 *A'* 现出一列的彩色。其中 *B'* 的偏向较小，*A'* 的偏向较大。从 *B'* 到 *A'* 各色排列的次序为红、橙、黄、绿、蓝、靛、紫七色。

实验 72. 将前面实验所用的缝从弧灯前取下，改装在暗室的壁上，由壁外导入日光，再使其经由此缝射入室内，做前述的实验，结果亦同。

实验 73. 再将同样的两个棱镜，一个的棱向上，一个的棱向下，即颠倒配合后，再使通过缝的光，由此一对棱连续透过，在壁上仍在原位造成缝的像，并不成彩色列。

日光或白光由棱镜透过后，分散成一列彩色的现象，称为色散（dispersion），其现成的一列彩色，称为光谱（spectrum）。由实验 70 至实验72，知白光可由棱镜分散而为谱中的各色光，各色光再经棱镜集合起来亦可成为白光。故通常的白光，实由谱中的各色光集合而成的。各色光的折射率各不相同。故由棱镜透过后，各色光的偏向亦各不相同，故造成各色光的缝像，位置彼此略有差异，互相衔连，即成为一条的谱。如缝过宽则各色光的像互相重叠混合，遂成白色，即不能现成光谱，所以要用极狭的缝。

虹的成因

实验74.取圆底玻璃瓶 F，如图95，盛水令满，在纸屏中心处，开一小孔 O，由此导入日光，使其投射于瓶，即在屏上见小孔周围有彩色圆圈现出，内紫外红，小孔 O 恰在其中心。

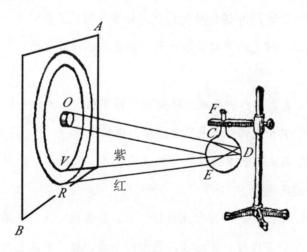

图 95　日光在水球上的分散

日光由 C 入瓶，应起折射，至 D 受全反射，至 E 再经一度折射，复出空气中。两次折射时，紫色光的偏向均较红色光的偏向大，折回纸屏上时，紫色光 V 和小孔 O 的距离，应较红色光 R 和小孔 O 的距离近，故成内紫外红。入射线 *OC* 和红线 *ER* 间的角等于 42°，其和紫线 *EV* 的角等于 40°。凡具有同样关系的各点，均现同样的色彩，故结果紫色成内圆，红色成外圆，其余各色尽在此两圆间。

天空中出现的彩虹（rainbow）亦即此理，由日光在雨滴中折射、反射造成。如由观测者的眼，引直线至太阳，背太阳观看，凡与此线成 42°的光，均现红色，与此线成 40°的光，均现紫色。虹呈弧形，就是这个缘故。有时除内紫外红的虹外，在其外边又有一内红外紫的虹出现，光亮稍弱，这是日光在水滴内反射两次造成的，通称霓（secondary rainbow），而常见的内紫外红的，则称虹（primary rainbow），以示区别。

物体的色

实验 75. 实验 72 中透过棱镜的光，如在未到达纸屏以前，插入一块红玻璃，即见屏上现出的光谱，除红色一部分依然存在之外，其他各色完全消灭无余。

实验 76. 前面实验中的红玻璃如改用绿玻璃，则光谱中除绿色部分依然如故之外，其余各部分虽未完全消减，但极微弱。

实验 77. 前面实验中的红绿两色玻璃，如一并使用，纸屏上的光谱，差不多完全消灭无余。

实验 78. 前面实验 72 中使用的纸屏上，贴白纸一张，在其上现出的光谱，固然鲜明。若改贴一张红纸，现出的光谱，就只有红色光的一部分，其余各部分虽有亦极微弱，或竟至完全没有。再换一张蓝纸实验，则只现蓝色部分。

实验 79. 将一条红色的毛巾拿到光谱中各部分去检查。只有在红色光的部分中现为红色，在绿色或蓝色部中，均现为黑色。同样用其他色的毛巾来看，亦与此类似。

由上述各种实验可知，由各色光混成的白光投射到物体上时，一部分可以自由通过，一部分被物体隔断，还有一部分由物体反射而回。其中被物体隔断的现象，称为吸收（absorption）。一个物体所呈的色，完全由最后到达我们眼内的光的性质而定。白色的物体对于各色的光，同样反射，所以放在光谱中各部去检查时，受到何种光，即反射何种颜色。红色的物体只能反射红色的光，对于其他一切的色光，一律吸收，所以在光谱内检查时，只有在红色部时现出本色，在其他各部因无光反射，故现为黑色。透明体所透过的光，即其不吸收的光。无色的玻璃对于各色的光，同样的透过，红玻璃就只能透过红光，绿玻璃就只能透过绿光。所以红绿两色玻璃同时并用时，一切的光均被其吸收，结果无光透过成为黑暗。由此可知，物体的色，并不属于物体的本身。

光的波长

光的传播速度为300000千米／秒。空气中传来的音波，虽是同一速度，即在常温中约为340米／秒，但因其振数不同，引起我们的听觉，也就有异，由此而有音调的高低区别。并且振数在16次以下和在36000次以上的波动，均不能引起听觉。同样光波的振数也有一定的范围，振数最少的每秒达392×10^{12}次，这种光波引起的视觉为红色，振数最多的每秒间达757×10^{12}次，引起紫色的视觉，其余各色的振数，尽在此两数之间。

用每秒的振数除以光的速度，即得光的波长。

紫外线和红外线

光波的波长在0.000040厘米至0.000076厘米时，因能引起视觉，故称

为可见光。在这个范围以外，当然也有波的存在，只不过不能使我们目力感觉得到罢了。在光谱中红色一端以外的部分上，用极敏锐的检温器去试，立见其温度升高，所以这一部分的光波就称为红外线。又在紫色端外用照相片去试，立即感光，所以这一部分的光波就称为紫外线。

1. 地面的光大部分是由太阳得来，昼夜的分别即由于此。

2. 光是沿一条直线传播出去的，光线表示光传播的方向。

3. 像是和实物相似的图形，由于光线直线传播而成。

4. 影是不透光体背后的暗黑部分，全影是完全不受光的部分，半影是只受一部分光的部分。

5. 透明体可容光线自由透过，不透明体不容光线透过。

6. 日食是太阳的光被月球遮断的现象，月食是太阳的光被地球遮断的现象。

7. 反射定律如下：入射角恒与反射角相等；入射线、反射线和法线在同一平面上。

8. 单向反射是平行光反射后亦复平行的现象；散射是平行光反射后四向散开没有一定方向的现象。

9. 折射定律如下：在入射线和折射线上各取一点，使其与入射点的距离均相等，由此两点引法线的垂线，此两垂线的比是一个常数，其值由第二介质的种类而定，此常数即第二介质的折射率。

10. 临界角是一个特殊的角度，入射角超过了这个角度就没有折射光线存在。

11. 全反射是入射角在临界角以上，不能容有折射光的存在，全部的光均一律反射而回的现象。

12. 偏向是光由棱镜透出后的方向和原先射到棱镜上的方向间的角度，此角有一个最小的限度，即最小偏向。

13. 焦点是一个光点所造成的像。

14. 实像是光线确由此处通过而造成的像，虚像并无光线确经其处，乃系将光线照其相反的方向延长后所集合的点，外观上看去，好似反射光均由此一点发出来的一般。

15. 成像共有六个问题：像和实物是否同在镜的一边？是虚像还是实像？像和镜面间的距离如何？像比实物大小如何？左右是否反转？上下是否颠倒？

16. 球面镜是用球面作反射面的镜，用表面时为凸镜，用里面时为凹镜。

17. 主焦点是平行光线经球反射后，或经透镜折射透过后所集中的一点，其与镜面间的距离为主焦点距离，或略称焦点距离。

18. 球镜的焦距，等于其曲率半径的一半。在凹镜时为实焦点，凸镜时为虚焦点。

19. 用凹镜成像时，实物如在焦点外，则成倒立的实像；如在焦点内，则成正立放大的虚像。用凸镜造像时，则恒成正立缩小的虚像。

20. 凸透镜又名会聚透镜，中厚而边薄，凹透镜又名发散透镜，中薄而边厚。

21. 透镜的放大率为像与透镜间的距离对于实物与透镜间的距离的比。

22. 用凸透镜成像时，实物如在焦点外，则成倒立的实像，在焦点以内时成虚像，用凹透镜则恒成虚像。

23. 照相机系利用凸透镜在相片上造成实物的实像而成。

24. 眼的调节是变更眼珠的弯曲程度以适应远近。

25. 近视眼是眼球过长的病，要用凹透镜的眼镜；远视眼是眼球过短的病，要用凸透镜的眼镜；老花眼是眼珠不胜收缩，所以也和远视眼一样。

26. 明视距离是看得最明了而又毫不觉苦的距离，健全眼的明视距离等于 25 厘米。

27. 放大镜就是一个凸透镜，利用其放大的虚像观察。

28. 显微镜和望远镜都是用物镜和目镜两枚透镜造成的。

29. 分散是白光分成红、橙、黄、绿、蓝、靛、紫各色的现象，光谱是这样分成的一系列彩色。

30. 虹是天空中的雨滴将日光分散而成的。

31. 物体的色由透过光、反射光而定。

问题

1. 通常在玻璃镜中映出的像，除一个极明了的像之外，同时还可以看见一个光彩甚淡的像，是什么缘故？

2. 在一张相片上，要将正面和背面的像同时照下，应该如何照？

3. 手电筒的反射面是一个球面，其中的电灯泡如果能够移动，要照极远的地方时，电灯泡应在何处？

4. 在池边看见池底甚浅，但下水后即觉其深，是什么缘故？

5. 杯内插箸，看见箸在水面折断，取出又复原状，是什么缘故？

6. 伸手入水摸鱼，多不容易摸到，是什么缘故？

7. 无风时水中可以映出天上的明月，微风时水中的月碎为无数细片，大风时简直什么也看不见，是什么缘故？

8. 冬日隔着火炉看见物体动摇不定，是什么缘故？

9. 百叶窗的各块叶板彼此未密接，何以不能由外面看见室内？

10. 木匠刨木板、木柱时，欲检验其是否平直，只须闭住一只眼，另一只眼沿木板、木柱看过去即可知，是何缘故？

11. 登高可以望远，是何缘故？

12. 日中影短，日落影长，是何缘故？

13. 晴天漏进树下的日光概作圆形，是何缘故？

14. 在日光照着的地面上只能看见电线杆的影，不能看见电线的影，是何缘故?

15. 从镜中窥探他人,同时必为人觉察,是何缘故?

16. 室内未直接受到日光,何以明亮?

17. 日未出前及既落后,何以有光?

18. 毛玻璃虽能透光,但不能隔着看见物体的形状,若滴油点于其上,透光的程度更高,是何缘故?

19. 煤油灯和电灯都要用灯罩,是何缘故?

20. 雪夜特别明亮,是何缘故?

21. 用刻花的玻璃杯盛水,放在太阳光下,即见其旁呈灿烂夺目的彩色,是何缘故?

22. 玻璃碎片的颜色随观看的方向而异,是何缘故?

23. 晨间太阳初出时,照见草地上的露珠有种种的色彩,是什么缘故?

24. 背对太阳喷水,可以看见和虹一样的彩色,是何缘故?

25. 用放大镜检查物体时,每见物体周围略带色彩,是何缘故?

26. 用凸透镜欲造成倒立放大的像,物体应放在何处?

27. 用凸透镜欲造成缩小的像,物体应放在何处?

28. 用凸透镜欲造成放大直立的像,物体应放在何处?

29. 用球形的玻璃缸养金鱼,当金鱼在内游动时,忽而觉其胀大,忽而觉其缩小,是何缘故?

30. 玻璃板上放一滴水,可将其下的物体放大,是何缘故?

31. 用凹透镜能不能将物体放大?

32. 玻璃窗虽用布揩拭干净,但由窗上射入室内的日光照着白纸上有明暗交错的种种地方,究竟从何而来?

33. 望远镜倒过来看,物体何以那样小?

34. 在日光强烈时,由外面跑入室内,何以骤觉黑暗?

35. 在电影院内坐久的人，其周围的情形虽可看见，但初由外面入场的人，完全不能看见，是什么缘故？

36. 猫在晚间依然可以见物，是何缘故？

37. 昼间隔着玻璃窗由内向外看容易，由外向内看很难，而夜间与此正相反，是什么缘故？隔帘看时又何如？

38. 路面洒水后特别的污黑，是何故？

39. 昼间何以不能看见星体？

40. 太阳的光太强，不能直接观看，但若用烟将玻璃熏黑，然后隔着此熏黑了的玻璃观看，即可看清，是何缘故？

41. 夏天要穿白色的衣服方觉凉爽，是什么缘故？

42. 玻璃本是透明的，何以捣成细粉后变成白色？

43. 海中波头破碎处有白色的浪花出现，是何缘故？

44. 用红墨水在白纸上写字，然后用透过玻璃的光照在纸上，能不能看见所写的字？

45. 在黑板上用白粉笔写字，可以看见，用红墨水写字，何以看不见？

46. 绸缎上面的花样，何以看得见？

47. 隔手指缝不能看见书上的文字，但若将手左右摆动可从指中看清书上的文字，是何缘故？

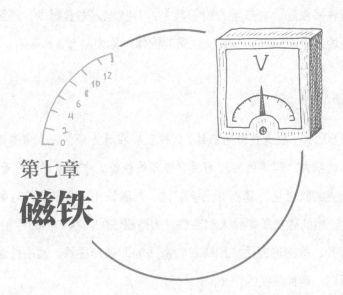

第七章

磁铁

磁铁矿

天然产的磁铁矿有吸引铁的性质。将此矿石放入铁粉内，取出时即见其上附有许多铁粉，有些地方附着甚多，有些地方附着极少，甚至完全不粘铁粉的地方也有，凡具有吸铁性质的物体，称为磁石（magnet）。

磁铁的性质

实验80.取一枚缝衣用的钢针，将磁铁矿在针上沿同一方向摩擦数遍。将针放入铁粉内，即见针的两端粘有许多的铁粉，中间依然能粘着。

由上述实验可见，缝衣针已被磁化，凡磁铁用人工造成的，称人造磁铁，天然产生的磁铁矿等称天然磁铁。人造磁铁的形状如棒的称条形磁铁，如马掌钉的，称蹄形磁铁。用缝衣针造成的即条形磁铁。其磁性最强的地方为其两端，通称磁铁的极（pole）。

磁针

实验81.取一条未经扭过的丝线，将具有磁性的钢针的中点悬住，等其静止后观测其所指的方向。再使其离开静止位置，任其在水平面内自由转动若干次后，观其静止时所指的方向。然后改悬一块蹄形磁铁或磁铁矿照前法实验，结果其所指的方向均同。

凡在一点周围可以自由转动的条形细磁铁，通称磁针。磁针静止时，恒向南北的方向，所以称为指南针。且一极恒向北，称为北极（north pole）；一极恒向南，称为南极（south pole），或径称为 N 极、S 极亦可。

实验 82. 等磁在南北方向上静止后，再取第二磁铁的 N 极，使其与磁针的 N 极接近，即见磁针被排斥；再使其与磁针的 S 极接近，即见磁针被吸引。

凡同名的极彼此相斥，异名的极彼此相引。此时作用的引力或斥力，称为磁力（magnetic force）。磁力的大小和两磁极间的距离的平方成反比。

磁力线

小磁针无论在磁铁近旁任何一点都受磁力的作用，故磁铁近旁的空间和没有磁铁存在时的空间性质不同，这样的空间，称为磁场（field of magnetic force）。

实验 83. 在蹄形磁铁上面铺一张纸，筛铁粉于纸上，用铅笔轻微敲击纸边，铁粉即分布成一种极有规则的形状，如图 96。

实验 84. 用条形磁铁两条，令其同名的极相对，平行排列，在其上铺纸作前述的实验，铁粉即排成图 97 的形状。

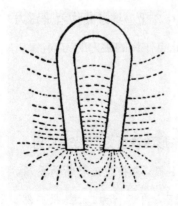

图 96　蹄形磁铁的磁力线

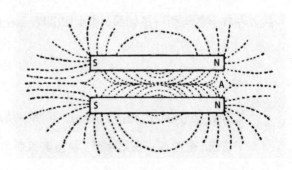

图 97　同极相对时的磁力线

实验85.将实验84中的两条形磁铁颠倒排列，令其异名的极相对，做前述的实验，铁粉即排成图98的形状。

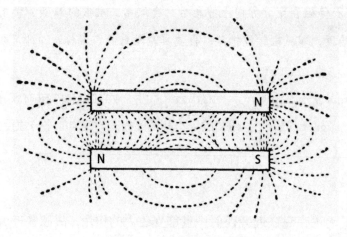

图98 异极相对时的磁力线

铁粉在磁铁周围排成的连续曲线称为磁力线（lines of magnetic force）。设想有一个独立存在的N极，放在磁铁的N极近旁，当受斥力作用。此时因与条形磁铁的S极相距略远，所以不能受到S极的影响，但若此独立的N极，由磁铁的N极离开少许，其受磁铁S极的影响，渐次加大，最后必将此独立的N极引到S极上。由此可知，此独立的N极在其间经过的轨迹不是直线而是曲线，自磁铁的N极出发而向其S极，这条曲线就是磁力线。在其上各点引一条切线，此切线即表示在此点作用的磁力的方向。

磁石分子说

前节所要的独立的极能否得到，可将一块条形磁铁折为两段来实验。

实验86.先造成一根细磁针，检出其N极和S极。再将此磁针折为两段，即见折断处有新极出现，两段各成一个完全的磁石，再各折为二，结果亦然，如图99。

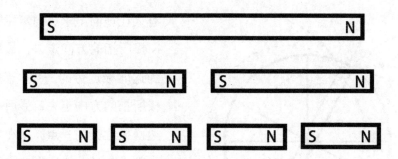

图 99　折断的磁铁

由以上实验可知，无论折成几段，都不能成为独立的磁极。照此折到分子，已不能再折，但分子亦自为一块完全的磁铁，故称为分子磁铁（molecular magnet）。

一条磁铁由无数小的分子磁铁集合而成，故其中部分亦有磁极存在，不过每一个 N 极必与一个 S 极相接，作用互相抵消，对外不呈作用。只有两端一个为单纯的 N 极集合而成，一个为单纯的 S 极集合而成，故两端吸铁最多，而中部则否。

通常的软铁，其分子极易移动，故在磁场内受磁力作用时，分子磁铁都排成一列，所以也能吸引其他的铁；但一出磁场，分子又乱，磁性立刻消失。钢的分子移动不易，初入磁场仍排列错乱，非受长久的作用不能排列整齐。一旦排齐以后，虽由磁场取出仍能保留磁性。人造磁铁所以要用钢制，就是这个缘故。

地球磁场

磁针无论在地面上任何处所，任其静止时，都指着南北的方向，虽然不是正确的南北方，但也相差不远。由此可见，全地球都在一个磁场里面。这个磁场的力线，由地理的北极近旁发出，向地理的南极近旁而去。假如

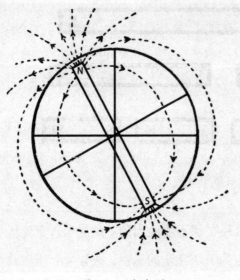

图 100　地球磁石

有人在地面上永久向着磁针的 N 极所指的方向走去，最后必到达北极近旁的一点。若沿 S 极所指的方向走去，最后必到达南极近旁的一点。如在地球内部设想有一块棒形磁铁如图 100 所示，磁针取一定方向的现象即可了然。

由地磁铁的两极引的磁力线，有些在大气中，有些在地面下。地理上有子午线，各地的经线由南北极通过。同样由地磁石的 N 极和 S 极通过的磁力线，也称为磁子午线（magnetic meridians）。此两种子午线，通常并不一致。

罗盘

罗盘（compass）又名指南针，就是磁针的应用，为航海航空时定向必须的器具。简单的罗盘就是将一个磁针支架在平盘的中心而成，罗盘周围划分成若干等分，记有东、南、西、北等字样。只须转动盘面，使磁针的 N 极正对着盘面所记的北方，即可决定方位。实际航海使用的罗盘，因须避免船体的动摇，故其构造颇为复杂，但其理则同。

本章摘  要

1. 磁极是磁铁上磁力最强的两点，在磁铁的两端。

2. 磁针静止时，其两极恒取一定的方向，向北的名为北极，或作 N 极；向南的名为南极，或作 S 极。

3. 磁力是两个磁极互相作用的力，同名的极相引，异名的极相斥。其大小和两极间的距离平方成反比。

4. 磁场是磁铁周围有磁力表现的空间。

5. 磁力线是独立的一个磁极，在磁场内移动时所经过的路径通常是一条曲线，自磁铁的 N 极发出，自其 S 极复进入磁铁内。

6. 分子磁铁是说磁铁分到极小时，每小段各成一个独立的磁铁，这些小磁铁集合起来，遂成为磁铁。

7. 磁针在地面上静止时所取的方向即地磁力的方向，其方向和地理的南北方向略有不同。

问题

1. 如何可以判断出一段铁是磁铁还是铁？

2. 两个磁铁孰强孰弱，如何知道？

3. 铁屑铜屑混在一处，如何可以使其分离？

4. 一块磁铁，哪一端是 N 极，哪一端是 S 极，如何才能知道？

5. 用磁石摩擦针，何以也能成为磁铁？

6. 地球是一个大磁铁，何以知道？

7. 试将一块纸板和一块铁板放在磁针的 S 极近旁，在板的背后放一根磁棒的 S 极，其情形如何？

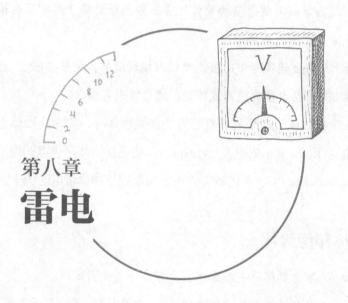

第八章

雷电

摩擦生电

实验87.用绒布或猫皮擦硬橡皮制成的棒或火漆制成的棒,将此棒拿到纸屑、灯芯屑或其他轻微的物体近旁,即见纸屑等飞起或贴在棒端,或一度被吸后又立刻被棒斥落。

实验88.将上述实验中的猫皮或绒布接近纸屑,结果亦同。

实验89.用丝巾擦玻璃棒或琥珀,亦能吸引轻物。

凡一个物体能吸引纸屑、灯芯等类轻微物体时,称为此物体上已具有若干的电(electricity)或电荷(charge)。使通常物体产生电的现象,称为带电(electrification)。上述各实验均系用摩擦使物体带电的例子。

导体和绝缘体

实验90.取金属棒用毛布摩擦,久擦亦不能吸引纸屑。

实验91.在金属棒上装一根玻璃柄,一只手执柄,另一只手用毛布擦棒,只须数遍,金属棒即已带电。

实验92.再在实验90的金属棒上结一根铜线,仍一只手执柄另一只手执毛布擦木块,即见铜线的最远一端亦能吸引轻物。

由此可见,金属等物体亦可由摩擦带电,不过所产生的电,立即传遍全体,不能拘束于一部分,这样的物体称为导体(conductor)。玻璃、火漆、硬橡皮等一部分所产生的电不能转移到其他部分上去,则称为非导体(nonconductor)。又如实验91,用非导体的玻璃作柄,可使金属上产生的电不致传到手上，这就是使金属绝缘（to insulate），所以非导体又称绝缘体（insulator）。

地球、人体均为导体，所以金属带电时，非有绝缘体隔住，电即经由人身传到地上。各种金属均为导体，其中尤以银、铜为最佳。橡皮、玻璃、丝、棉等均为非导体，其中尤以马来树胶为最佳。干燥的空气为非导体，潮湿的空气则为导体。纯水为非导体，但含有酸或盐时就成为导体。

正电荷和负电荷

实验 93. 用丝巾擦玻璃棒，使丝巾和玻璃均各带电，又用绒布擦火漆棒，使绒布、火漆棒亦各带电。用图 101 所示的两个钩将带电后的两根玻璃棒分别悬住，使两根玻璃棒接近，即见两根玻璃棒互相斥逐。

图 101　可以自由转动的带电棒

实验 94. 再将两根玻璃棒取下，改悬两根带电的火漆棒实验，其结果亦相斥逐。

实验 95. 用一根带电玻璃棒和一根带电火漆棒实验，则彼此吸引。

实验 96. 用带电的玻璃棒和带电的丝巾实验，亦相吸。

实验 97. 用带电的火漆棒和带电的绒布实验，亦相吸。

实验 98. 用带电的绒布和带电的丝巾实验，亦相吸。

实验 99. 用两条带电的丝巾实验，彼此相斥。

实验 100. 用两条带电的绒布实验，彼此相斥。

　　由上述各种实验可知，带电体所带的电只有两种，其性质恰恰相反。物体上所带的电如果与玻璃棒上所带的电呈同一性质时，称为正电荷（positive charge），如与火漆棒上所带的电呈同一性质时，称为负电荷（negative charge），即用正负号表示。根据上述实验结果，同类的电荷相斥，异类的电荷相吸。

静电感应

　　实验101.取带电的玻璃棒，将其持至验电器的顶上，不必与金属球直接接触，只要在其相近处，即见金箔张开。若将带电棒移至远处，箔又复垂下如初。

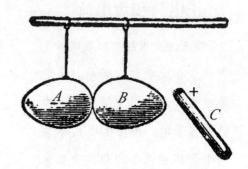

图102　感应产生的阳电和阴电

　　实验102.取金属球或用锡箔包裹的两个鸡蛋，用丝线悬在玻璃柱上，如图102的A、B。用带正电荷的玻璃棒C接近此球，即见两球上均各带电，可以用验电板就验电器上检出。棒一离开，两球上的电同时消失，但若在棒未离开前，先将A、B分开，此后棒虽离去，A上仍可保留正电荷，B上仍可保留负电荷。再将其移近互相接触后，电又消失。

　　由此可知，导体的近旁如有带电体，则此导体亦因此带电，此现象称为静电感应（electrostatic induction），距原带电体最近的一端，产生相反的电，距原带电体最远的一端，带同类的电。两端所现出的电恒相等，原带电体移去后，两电混合不发生作用。

起电盘

利用静感应的现象可以取得多量的电，其最简单的方法，莫如使用起电盘（electrophorus），此器如图103，下为硬橡皮或硫黄板，上为金属盖，盖上有玻璃柄。先用绒布或猫皮摩擦下面的板，使其带负电荷，将盖盖上，则如图104在盖产下生正电荷，盖上产生负电荷。用指按盖，则负电荷移至地上，执柄揭盖，盖上全体均为正电荷布满。将盖与其他导体接触即可使它上面所带的正电荷移至它处。再将盖重新盖上，仍照前法，又可取得同样的正电荷。故只须一度使其下面的板带电，以后即可取之不尽。

图 103　起电盘

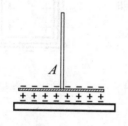 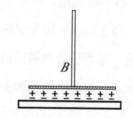 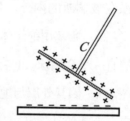

图 104　起电盘的作用

电容器

实验 103. 取两块金属板，各装一个绝缘台，如图 105 中的 A 和 B。用铜线将 A 连接于地球表面，将 B 连接于一个验电器，使 B 带负电荷，金箔张开后，再推 A 与 B 接近，即见金箔垂下，

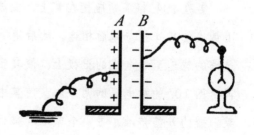

图 105　容电器的原理

必须再加若干负电荷于 B，方能使金箔张开的角度恢复此前 A 未移近时的原值。

由此可见，带电体的近旁，如有和地球连接着的其他导体存在，其能收容的电量骤增。此时 A 所带的电与 B 原有的电相反，应为正电荷，至于其负电荷则出现于相距 B 较远的一端，即地球。A 与 B 间既各带异电，当受引力作用，故 B 上原有的电多被移到与 A 接近的部分上，金箔上的电因而减少，故非增多电量，不能使金箔恢复原有的张开角度。

电容器（condenser）即系利用此理而成。在两导体间隔一个极薄的绝缘体，即可容纳多量的电。最常见的莱顿瓶（Leyden Jar）即其一种。此器系在玻璃瓶的内外，各贴一层锡箔，约至全瓶的 $\frac{2}{3}$ 高。瓶塞用绝缘体，塞上插入一根金属棒，上端有一个金属球，下端垂一条铜链与内箔接触，如图 106。因其外层与地相连，故由上端须加多量的电，方能使其带电。

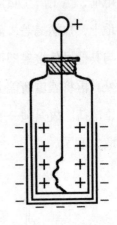

图 106　莱顿瓶

放电

实验 104.将莱顿瓶托在掌上，或放在桌上而用铜线使其外箔与地面相连，然后用一条铜线将上端的球连至起电机的正极上，使其带正电荷。再用图 107 的放电器的两个球，使其中一个球和莱顿瓶的外箔接触，另一个球渐次移近莱顿瓶顶上的金属球，即见有强烈的电花，在两球中间出现，

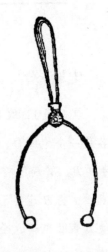

图 107　放电器

同时内外两层锡箔上所带的电完全消失，如果将此瓶放在玻璃板上使其绝缘，即无此现象发生。

凡一个带电体失去其所带电的现象，称为放电（discharge）。莱顿瓶的放电，必须内外两箔相连接时才能发生，欲单使其一边放电，绝办不到。

尖端作用

用验电板检查带电体的表面各部分，即知各部分所带的电并非完全相同。带电体如果是球体，则各部分的电相等，如有凸起的部分，则凸起处所带的电特别多。

实验105.取一根缝衣针，使其接近带电后的验电器顶上的金属球，相距数寸，即见金箔迅速垂下。

实验106.取一束细纸条，在绝缘台上，使纸条与起电机的一极相连，转动起电机，各纸条既均带同类的电，彼此相斥，散开如猬刺。此时若持一根缝衣针至其近旁，纸条均迅速垂下。

实验107.在起电机的一极上装一根弯曲的细针，如图108，执烛火至其近旁，火焰即被吹偏，甚至吹熄。

由此可见，带电体上有尖端的部分，因聚集的电过多，超过其能容纳的量后，电即从此逸出而成放电现象。针尖先由静电感应产生相反的电，放出后即与验电器或纸条上的电相混合，故金箔纸条垂下。至于曲针则因放电于其邻接的空气，空气得电后，受同电相斥的作用被

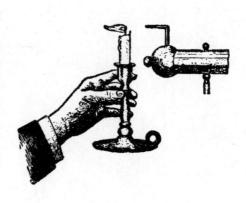

图 108　电风熄火的实验

斥离去尖端，较远的新空气流来以补其缺，如是遂成为空气的气流，恒向尖端流出，通称电风（electric wind）。凡由尖端放电的作用，称为尖端作用（point action）。

打雷和避雷针

通常天空中的云，均带电，当行近地面时，在地面上感应出相反的电，如聚电过多，超过其能容纳的程度，即发生放电现象。此时出现的电花即闪电，其声即雷。若在房顶装一个尖端的导体连到地上，则由尖端作用，未达放电程度以前，电早已由尖端逸出，其进行甚缓和，可以保全房屋，不致击坏，这样的器具就是避雷针。

本章摘要

1. 带电是使物体发生吸引轻微物体的作用的现象。

2. 导体如金属、人体等，一部分产生电立即传达全部。

3. 非导体又名绝缘体，一部分产生电即保存于原处，不使其移动，或隔断一个导体上的电，使其不致移至邻近物体上。

4. 电只有正电荷和负电荷两种。

5. 同类的电相斥，异类的电相吸。

6. 金箔验电器的要部为两条金箔，由其张合可以检出物体是否带电及其所带的电为阴或为阳。

7. 静电感应是绝缘的导体，在其他的带电体近旁时，近端发生相反的电，远端发生同类的电的现象。

8. 容电器是利用连接地面的导体在其近旁可容多量的电的器械，莱顿瓶即其一例。

9. 放电是容电超过其所能容纳程度时，一部分或全部的电由此导体失去的现象。

10. 尖端作用在使带电体的电徐徐失去。

11. 打雷是自然界的放电现象，电闪是放电时的电花，雷声是放电时相伴发出的音。

12. 避雷针是利用尖端作用保护房屋的器械。

 问题

1. 将白纸在火上烘热，放在头顶上擦过，即可贴在脸上或墙壁上，不会落下，是什么缘故？

2. 将白纸在火上烘热，放在桌上，用指甲在上面写字或作画，然后将香烟内的烟屑撒在纸上，所写的字或所作的画即可现出，是何缘故？

3. 用硬橡皮制成自来水笔杆放在头发上擦过，能使细水管内流出的水由直而曲，是何缘故？

4. 冬天用手抚摸小猫，每见有微光出现，是何缘故？

5. 俗谓猫从死尸上跳过，死尸能够立起，有没有这个道理？

6. 冬天用假象牙梳子梳头发，时闻轻微的爆音，由何而来？

7. 先见电光后闻雷声，是何缘故？

8. 打雷后多有火发生，是何缘故？

9. 打雷何以多在大树高塔下？

10. 打雷时坐在房内即无危险，是何缘故？

11. 设有两人各执一个莱顿瓶，一个瓶带电，一个瓶未带电，如此两人手中的莱顿瓶的球部互相接触，结果当何如？

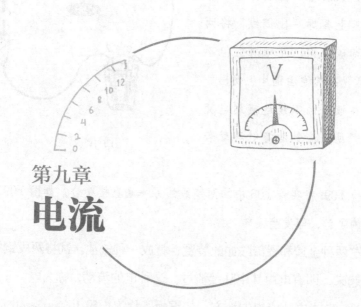

第九章

电流

电池的构造

实验108. 取一片铜片和一片锌片，其上各焊一段铜线，将两片浸入稀硫酸内，互相对立但不接触，即见有气泡由铜片上发出。如将露在液外的铜线连接到电流计上，即见电流针的指针移动若干角度。

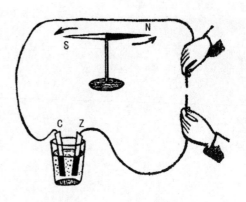

图 109　电流

实验109. 将实验108中的两铜线的另一端直接凑合，如图109，在铜线下面的磁针，即发生偏转。

把这两种金属和稀硫酸如此装置，就成一种电池。试将两段铜线另一端连接起来，即有电由其中陆续流过。这种电的流动，称为电流（electric current）。电由电池流出的地方，如铜板，称为正极（positive pole）；电由外进入电池处，如锌板，称负极（negative pole）。

电流和水流的比较

设如图110，有两容器 L 和 R，内各盛水，由一根细管相连，其上有管塞 S 可开可闭，器底亦有一根横管相通，此管中央用一个水车隔断。水车下坠一个重锤 W。W 的落下牵动水车，将容器 L 内的水送到容器 R 内去，而容器 R 内的水却不能由水车退回容器 L 内。故将 S 关闭，由 W 的落下

可使容器 R 内的水面升高。此时若将 S 转开，则水应由高处流向低处，于是容器 R 内的水，经由 S 处流向容器 L，其流过的水量，第一要看容器 R 和容器 L 的水面相差若干，第二要看横管的直径大小如何，方能决定。

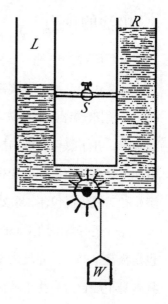

这个现象和电池中电流流动时极类似。电流能从正极经由铜线流到负极，是因为正极的势（potential）比负极的势高，两极有了势的差别，就和两容器水面有了高低的差别一样，所以电才能够流过，容器 R 和容器 L 的水面其所以能有高低的差，全靠水车的转动。在电池内，则由于两极板在稀硫酸发生的化学作用，使两极的势保持一定的差。此项势差（potential difference）为发生电流的原因，所以称电动势（electromotive force）。电动势越大的电池，其流过的电流亦越强大。

图 110　水流和电流

电阻

在水的例子中，我们知道水流的多寡，除水面的高差外，还要看横管的性质如何方能决定。假如管内空无所有，水流自然容易。假如内有碎石块，则水流应受阻碍，但尚不甚大。假如内有细沙，阻碍当然加多。假如内有烂泥，水流几至不通。对于电流，也有类似的现象。连接两极的物质是铜线，电流固然容易通过；若是空气，电流就完全不通。所以电流的强弱，又要看连接有势差的两点间的物质种类而定。各种物质对于电流的阻碍，各不相同，通称电阻（resistance）。

电池的种类 [1]

前面所说的电池，虽然确有电流发生，但因其电动势太小，不切实用。通常用的电池，种类甚多。最常见的一种为勒克朗谢电池（Leclanche cell），用玻璃器盛氯化铵溶液，内插生瓷筒，筒内盛二氧化锰和炭粒及一根炭棒，并于氯化铵液内插一根锌棒即成。价廉又能持久，用途颇广。干电池是勒克朗谢电池的变相。此电池的外层为锌盒，炭棒在中央，周围用炭粒和二氧化锰包住，余处用氯化铵糊填满即成。

此外还有蓄电池（storage battery），又称为副电池（secondary cell），也是极常见的。其原理大不相同，只能将电流储蓄起来，以供不时之需，其本身不能自行发生电流。其主要部分为若干铅板，上有方格，内填稀硫酸和氧化铅的糊，浸在稀硫酸内，平行对立，交错连接成两组，每组成为一极。由外送电入内时，称为充电，由此取用电流时，称为放电。

电解

实验110.两块炭板或铂板浸入硫酸铜的溶液内，用导线将此两板各连接到电池的阴阳两极上，使电流通过。不久即见和正极连接的板上有气泡出现，这是氧气；和负极连接着的板上，则有铜析出。

这种因电流由溶液中通过的结果，将溶液中所含有的金属析出来的现象，通称电解（electrolysis）。

---

1 除文中所述的几种电池以外，现今常用的还有锂电池、镍氢电池等。

电量、电流、电阻及电动势的单位

各种溶液起电解时，分析出来的金属重量，由通过其中的电量而定，故由此金属重量可以求得电量。通常为此目的使用的溶液概为硝酸银的水溶液。即能使此溶液析出银 0.001118 克的电量，定为电量的单位，称为 1 库伦（C）。

在电路中的一点，每 1 秒内，有 1 库伦的电量流过时的电流，定为电流强度的单位，称为 1 安培（A）。

长 106.3 厘米、横断面积 1 平方毫米的水银柱造成的导线，其温度在 0℃ 时，对于电流所呈的阻碍，定为电阻的单位，称为 1 欧姆（Ω）。

电阻等于 1 欧姆的导线上，有 1 安培的电流通过时，其两端的电势差，定为电动势及电势差的单位，称为 1 伏特（V）。

电磁感应

实验 111. 用一条两丈长的电铃线，一端连接电池的正极，另一端连接一个电钥（key），电钥的另一端连接电池的负极。将电铃线抻直，使其成一个长方形，较长的一对边指着南北的方向。如此一边流过的电流系由北而南，另一边流过的电流系由南而北。拿一个指南针放在一边的电线下，按电钥使电流通过，即见磁针由南北方向偏转若干角度，始行静止。

再将磁针放在电线上，即见磁针所受的偏转和前次相反。再将磁针拿到另外一边的电线上下各试一遍，结果恰与前相反，如图 111。

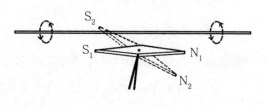

图 111　电磁感应

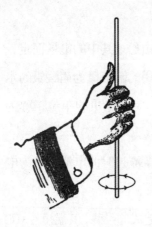

图 112　安培定则

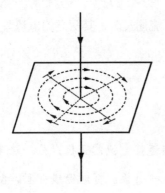

图 113　导线周围的磁力线

由此可知，导线中有电流流过时，附近的磁针均受其影响。此时磁针的偏转亦有一定。如用右手握导线，如图112，以拇指指向电流，则其余各指即表示磁针偏转的方向，亦即导线周围造成的磁场内的磁力线的方向，此即安培定则（Ampere's rule）。

实验 112. 将前述实验中的导线的一部分张紧，使取垂直的方向，并从一块水平的纸板中穿过，在穿孔处隔一二寸远近的各点，若放一根小磁针，则电流通过时，即见小磁针所取的方向，如图113所示，成为若干的同心圆，且均沿同一的方向。若使电流从相反的方向流过，虽仍为同样的同心圆，但方向则与前相反，此即直线电流周围造成的磁场内的磁场。

螺线管的电磁感应

电流所通过的路径称为电路（circuit），将导线曲成环形时，称为线圈（coil），曲成圆筒形时，称为螺线管（solenoid）。

实验 113. 取一根长 1 尺径约半寸的试验管，用电铃线数码在其周围绕成一根螺线管，将其中点悬住，两端连接电池，则当电流通过时，螺线管当转成一定的方向。再拿一根小磁针至其一端，即见磁针被其吸引，至其他端则被斥逐，宛如一块条形磁铁。

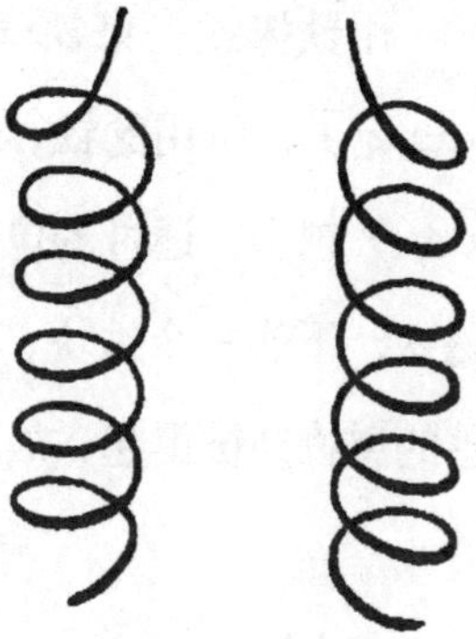

实验 114. 将实验 113 中的螺线管放在任意一张纸上，用小磁针将其周围的磁力线画下，次将小磁针放在螺线管内部，再求磁针所取的方向，即见其倾向与管平行。由此可知，螺线管内部的磁力线，均为由 S 极向 N 极的平行直线。

实验 115. 将导线缠成螺线管时，本有两种绕法，一种是沿顺时针方向绕去，一种是沿

图 114　螺线管的两种卷法

逆时针方向绕去，如图 114，试取此两种螺线管，令电流通入其中，查其电流进入螺线管的一端应成何极，再将电流的方向反转后实验一遍。

由上述各种实验的结果可知，线圈或螺线管中如有电流通过时，其作用和条形磁铁相同，一端现 S 极，另一端现 N 极。对于条形磁铁虽只能检其外面的磁场，但对于螺线管，其内面的磁场亦可检出。由此得知，磁铁造成的磁力线均为闭锁曲线，在磁铁外面时，其方向由 N 极向 S 极；在内面时，则由 S 极向 N 极。又螺线管的绕法相反，出现的极亦相反，电流方向相反时，极亦相反，可由安培定则求出。

电磁铁

图 115　电磁铁

实验 116. 将螺线管两端连接电池后，观察其近旁磁针的偏转，其次将一根软铁棒插入螺线管内，再通入电流，即见磁针偏转得更厉害了。并能吸引铁块，如图 115，完全和条形磁铁一样。电流停止后，所吸的铁块随即落下，又完全失去其磁力。

用铁棒或一束铁丝放在螺线管内造成的磁铁，通称电磁铁（electro-magnet），所用的铁，称为铁心（iron core）。螺线管的匝数（number of turns）越多，通过的电流越强时，其磁力越大。利用此理造成马蹄形的电磁铁，下连一个铁块，铁块下有钩，通电后铁块被磁铁吸起，连带钩上所悬的重物亦被提起，故可作起重机用。

电铃

电铃也是应用电磁铁而制成的，其构造如图116，AB 为电磁铁，其铁心装在铁块 C 上。磁铁前面的电枢（armature）F，由弹簧 E，装在柱 D 上，下端又一个弹簧 G 和螺钉 H 接触，再下即为锤。螺线管的两端，一端连至 S，另一端连至 D，经 L 与 T 相通。将电池与 S、T 相连，电通则 F 被吸，牵锤击铃作声；同时 G 处电流切断，电枢由弹簧 E 的力，恢复原位，因此铁又通过，铃声又响。如是电流忽通忽断，铃声即继续不止。

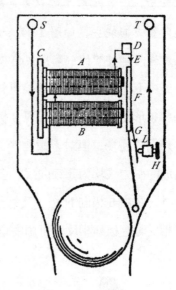

图 116 电铃

电报

电报机（telegraph）也是应用电磁铁造成的，其要部是发声器（sounder），构造如图117，杠杆 C

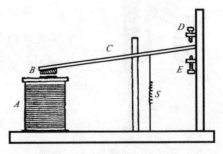

图 117 发声器

的一端有一块小铁块 B，正在电磁铁 A 的铁心上，另一端则在两螺钉 D 和 E 的中，杠杆下有弹簧 S。当电流通过时，B 被吸下，C 的另一端跳上与 D 相撞发声，同时因电流在此切断，又被 S 牵下与 E 相撞另发一声。在电报局的发送处和接收处，各装上这样的发声器，即可由电流的时通时断，传达长短的声音于远处，以通消息，如图 118。

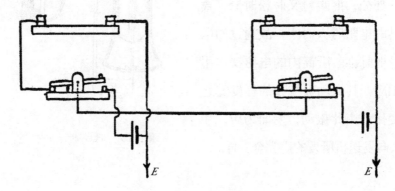

图 118　电报机

图 118 中左右两方，一方表示发送处，一方表示接收处，双方由一条电线及地面相连。上面各有一个发声器，其下各有一个电钥，再下各有一节电池。如由左方发送，只须将左方的电钥按下，左方电池中的电流，即从电钥中部经由电线而入右方的电钥，再由此进入右方的发声器，引起声音，由此更经由电线而到达地面，经地面复回左方，完成一个完全的电路。如由右方发报，其情形亦同，可以引起左方的发声器发生作用。

电话

最早的电话也是应用电磁铁造成的，分发送机（transmitter）和接收机（receiver），即"听筒"的两部分。图 119 的 C 为发送机，两端各有一块金属板，内装炭粒、振动板 R 和一块木板固接，电线由另一块木板及振动板导出与听筒相连。听筒内有电磁铁，由发送机而来的电流，通入此电磁铁的线圈内。B 为电池。人向发送机发声，引起振动板的振动，和板接触的炭粒因而时松时紧。炭粒既成电路中的一部分，而炭粒又时松时紧，致其所具的电阻时大时小，故通过的电流亦时弱时强。听筒内的电磁铁作用与此相应，其振动板被吸的程度随之发生变化，由此振动，发而为声，和最初人向发送机所发的声完全一样。

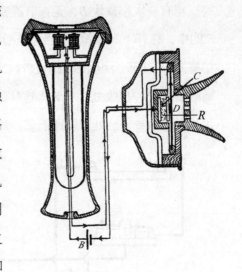

图 119 旧式电话的构造

电流计

有电流通过的线圈，即有磁场，在其中心的磁针当然要受磁力作用而起偏转，其偏转的大小即由线圈内通过的电流而定。由此可知，如悬小磁针于线圈的中心，或悬线圈于磁铁的两极间，送电流入圈，小磁针或悬挂的线圈必发生偏转，由其偏转即可求出通过线圈内的电流强度。比用电解去求电流还要简单得多，通称电流计（galvanometer）。如在电流计上将与偏转相当的安培数记出，即成安培计（ammeter）。如用电阻极大的线圈，电流虽通过，但两端的势差却不变，故可将两点间的势差求出，通常均将标度记出相当的伏特数，即常用的伏特计（voltmeter）。

感应电流

线圈内有电流通过时，线圈即如一个磁铁薄片，以上各节已详细讲述，

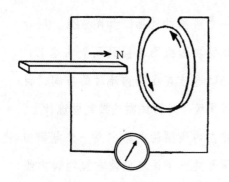

图 120　磁铁对线圈的作用

现更研究一块磁铁对于线圈，或有电流通过的线圈对于第二线圈，当产生什么影响。

实验 117. 用电线绕成直径约 3 寸长的线圈，约 20 匝，用导线将其两端与一根指针可向两方偏转的电流计相连接，使电流计和线圈不可相隔太近，如图 120。次由远处持一块条形强磁铁，将其 N 极骤然插到线圈的中心，并放在其中暂时不动。即见电流计的指针忽然偏转，表示电路中有电流通过。但此项电流不过暂时即行停止，不久指针又恢复原位。其次再由线圈的中心将磁铁骤然抽出，线圈内又有反方向的暂时电流通过。

其次在电路中插入一块电池，观察电流计上指针偏转的方向，即可检测出因磁铁出入线圈内而产生的电流的方向。

最后再将电池撤去，仍使线圈与电流计相连接，将磁铁的 S 极骤然插入线圈中心。此时线圈内发生的电流方向和 N 极插入时相反。再由线圈将 S 极抽出，电流亦与抽出 N 极时相反。

由此可知，磁铁出入于线圈，线圈中的磁通量发生变化，均可引起暂时的电流，是为感应电流（induced current）。当 N 极插入时，电流的方向为逆时针；N 极抽出时，其方向为顺时针。用 S 极与此正相反。线圈内既有电流通过，也就变成一块暂时的磁铁。即 N 极插入时，和 N 极接近的一边也变成 N 极；N 极抽去时，则变成 S 极。换句话说，就是在线圈内发生的电流，目的在于将线圈造成一块磁铁，以反对原磁铁的运动，这个关系称为楞次定律（Lenz's law）。

实验 118. 取前面实验中所用的同样的两个线圈，使一个线圈套在另

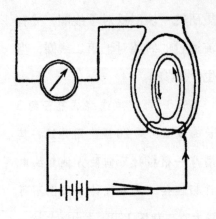

图 121　两线圈的相互作用

一个线圈的外面，如图 121。用导线将内面线圈连接到几个电池上，记明电流在线圈内流过的方向，再用导线将外面线圈连接到电流计上，并在内线圈的电路中夹一个电钥当作开关。手按电钥使电流通过内线圈，即见电流计上指针偏转一瞬即恢复原位，开电始见指针又起偏转，其方向与前相反。

实验 119. 将前面实验中的里面线圈骤然抽出，见电流计上的指针发生偏转，表示外面线圈中亦有暂时电流通过，其方向和里面线圈中的电流方向相反。再将里面线圈由外骤然插入外面线圈中，亦有同方向的暂时电流发生。

由此可见，一个线圈内的电流初通或初断时，或有电流通过的线圈移动时，均可在第二线圈中诱起感应电流。原有电流的线圈，称原线圈（primary coil），发生感应电的线圈，称副线圈（secondary coil）。其中的电流，各称原电流（primary current）及副电流（secondary current）。

感应圈

利用感应电流的原理，可以由极小的电动势得到极大的电动势，这就是我们使用的感应圈（induction coil），其构造如图 122。P 为原线圈，用少数的粗导线绕在铁心周围而成，S 为副线圈，在原线圈外，用多数细导线密绕而成。按电钥 E，使电池 F 中的电流经由 VV'，通过螺钉 C 电枢 A 进入原线圈中，由铁心作用吸引电枢，将电流切断。再由弹条 B 的力，使电枢恢复原位，电流又通。如此原线圈内的电流，一断一续，即在副线圈上诱出电动势极大的电流，其两端 T 和 T' 间，遂有电花飞过。TT' 间的距离，通称电花隙（spark-gap）。用此器只须使用干电池两三个，即可造成电花，故又名电花线圈（sparking coil）。

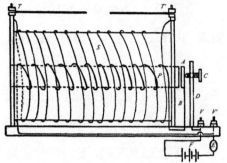

图 122　感应圈

发电机

利用感应电流以发生大规模的电流的器械，为发电机（dynamo）。其主要部分为磁铁

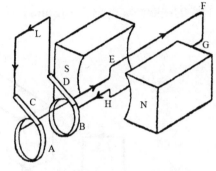

图 123　交流发电机原理

和转动的线圈。其构造原理如图 123，NS 表示磁铁，其间矩形线圈 $EFGH$ 为可绕其轴而转的线圈，两端各连一个金属环 A、B，每个金属环各和一个刷片相连接，如 C、D。当线圈取垂直位置时，包含磁力线最多；取水平位置时包含磁力线最少。感应电流的强弱，即由线圈内磁力线变化的多寡而定。故当其最初的半转，即由水平位置起靠近 S 的一边向上，靠近 N 的一边向下，转 180° 后恢复成水平位置为止，线圈上发生的电流方向，如图中所示，强弱则由 0 而到最大，再由最大而减至 0。其次的半转，即继续再转过 180°，导线恢复原位时，其中诱生的电流方向应和图中所示的方向相反，大小亦由 0 而最大，由最大而复成 0。故每转一周，电流的方向必变更两次，这样的电流，称为交流电（alternating current）。

如不用 *A*、*B* 两环，而用整流器（commutator）。如图 124，即两个半环各与一个刷片接触，则前半转时电流沿图中所示的方向 *EFGHBLC* 流过。后半转时，圈内的电流方向固然反转，但同时和刷片接触的半环亦互相交，所以由刷片引到外面去的电流仍是沿着 *BLC* 的方向而去，并未颠倒。这样的电流，称为直流电（direct current）。

实际上的发电机，转动的线固然不止一个，就是磁铁有时也不止一对。其磁铁有用永久磁铁的，也有用电磁铁的，通称场磁体（field magnet），转动的线圈则称电枢（armature）。

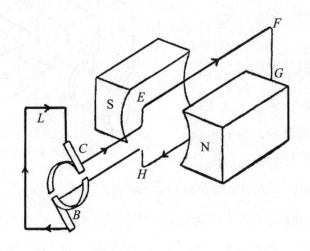

图 124　直流发电机

电动机

将发电机反转使用，即送电流入其电枢，则在场磁体内发生转动，成为电动机（motor），其构造的原理，如图 125。从电池而来的电流，自 *TT′* 进入，经由 *VV′*。一部分流入场磁体中，在 *X* 处成 S 极，在 *Y* 处造成 N 极。其余一部分的电流则经由刷片 *BB′* 流到整流器 *CC′* 上，由此进入电枢的线圈内。因此将电枢内的铁心造成一块磁铁，其 S、N 两极如图中所示。此磁铁受场磁体 XY 的作用，当沿图中箭头所示的方向转动，至水平位置时，始不受磁力作用，但仍因其惯性，继转过此点。既超过此点后，刷片同时亦与整流器上的半环交换接触，令电枢中铁心的磁极和前相反，因此遂使电枢更继续沿同一方向转动不已。

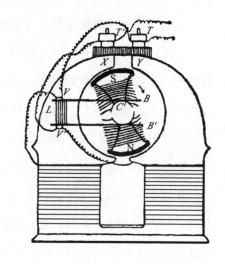

图 125　电动机

电扇

电动机可应用于电扇，即在电动机的电枢上，装四块叶板，方向略斜，电流进入电枢中，各叶板即随同电枢转动，推动前面的空气，使成为气流。

电车

电车也是应用电动机造成的，电流从车顶的铁杆流入车下的电枢，因其转动，牵动车轮，车体遂得前进。由电枢出来的电流，或仍从车顶流回，或即从车轮经由轨道而回。前者为无轨电车，后者为有轨电车。

电灯

实验 120. 用一根 6 米长的细铜线，周围用棉线包裹着，绕成一个线圈，将其两端连接到电池的两极，手握线圈，电流通过不久，即感觉线圈内发热，稍久热更增加至不可再执，更久即见棉线烧焦，甚至有火苗。

由此可见，导体有电流通过时，即有热发生，所产生的热过多，即发而成光，电灯即利用此理制成。即其发光部为极细的金属线，称为灯丝，最常用的为钨丝的电灯。为防止钨的氧化起见，将钨丝封在真空的玻璃泡内。如再将氮气等封入，其效更著。

前面在第六章中做各种光学的实验，时常使用手电筒，这也是一种电灯。其灯泡只有豌豆大小，只要用一个或数个干电池即能发光。灯泡后面有一个凹镜，由钨丝发出的光，经此凹镜聚集后，使行射出，故其光颇强，能及远处，又可随身携带，极为便利。

电线和保险线

由发电厂将电流送到远处的用户，以供电灯或电动机等类的使用，通常均用铜质的导线，称为输送线，俗称电线。其中如电话、电报等使用的，电力不大，没有危险，所以用裸露着的铜线，称为裸线。如电灯电力等使用的，电流强、电势又高，异常危险，通常均在铜线的周围用种种绝缘物质包裹数层，称为绝缘线。输送电路上的电压越高，包被的物质越厚。此种包裹的物质，日久破损，电即由此漏出，引起火灾，故须随时注意更换，以防漏电。

当用户由外面输送线引入电时，须用一小段保险线（fuse）插入电路中。遇有意外强大的电流通过时，由电流的热效应，使保险线的温度升高，到达相当的程度，即行熔化，电路由此切断，便无危险发生，故有此名。装用电灯的人家，遇到保险线炸断的时候，擅自使用其他的导线去接，固然不可，就算用保险线，如其粗细不合，也有危险。

触电

电动势较大的电流通过人体，使人产生一种麻痹的感觉，甚或引起生命危险，这种现象叫触电。通常使用的电池，其电动势不过数伏特，就是十个八个电池串连起来，也不会触电。家用电灯户内电线上的电流，其电动势在 100 伏特以上，人体若与之接触，就要受到强烈的震撼，甚至危及生命。人体触电后所引起的影响，视人的体质和接触的部位而异，大概皮肤越柔嫩，电阻越小，所引起的刺激越强。

户内电线的外面都有绝缘物质包着，故虽与之接触亦不致触电，若使用日久，或受了潮湿，致绝缘物质破裂，或失去效用时，必须将电线换掉，否则就有使人触电的危险了。另外户外电线上的电流，其电动势极大，且大都没有绝缘物质包着，偶一触及，立可致命。故遇此项电线坠落地面时，务必躲避。

电波和光波

将莱顿瓶的内外锡箔用放电器连接时，即有电花出现，将起电机的两极接近时，亦复如是。再由感应圈的副线圈的两端放出电花时，情形亦同。此刻，一方的电流至他方，同时又由他方流至此方，如是往返若干遍，放电方始完毕。像这样电的往返，称为电振动（electric oscillation）。两导体间发生电振动时，周围的磁场也成时而紧张、时而松弛的状态，由近而远，成为一种波动，这就是电波（electric wave）。

电波的性质大都和光波相同，但不能引起我们的视觉，所以不能直接检查，其波长普通在几厘米与几万米之间。

无线电报

无线电报（wireless telegraph）就是利用空中传播的电波以通消息的方法。发送处以往用感应圈等发出电花，今则改用真空管以引起电振动，经一条长导线送至空中，这条长导线称为天线（antenna）。电波传到接收处，亦由接收处设立的天线接受，引起其电路的共振。发送处每发一次振动，接收处的听筒就听到一次音。发送处停止振动，接收处的听筒也就寂无所闻。发送处调节并组合各种振幅，便可组成种种电码以传达消息，和有线电报相同。

无线电话

无线电话（wireless telephone）的原理也和无线电报相似，利用电波的传播以直接通话。其构造系在发送处用真空管引起异常迅速的电振动，经由天线放出振幅不变的电波，如图 126 的 *A*。此种电波传到接收处，因其振数过大，无法听出。若在发送处的天线电路中插入一个发话器，一面送波，一面发音，则发出的电波的振幅受音波的影响，产生相当的变化，成为图中 *B* 的波形，四向传出，经接收处的天线接受后变成直流，在听筒中即可听到图中 *C* 所示的音波，和发送处的音完全一样。

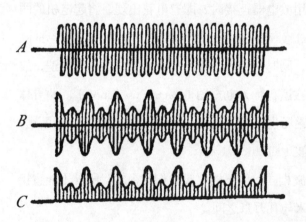

图 126　无线电话的波形

本章摘要

1. 电流和水流极类似，电动势或电势差好似水面的高差，电阻好似水管内物质对于水流的阻力。

2. 电池是供给电流的电源，种类颇多，以干电池及蓄电池两种最为常见。

3. 干电池是勒克朗谢电池的变形，不用液体，极便携带。

4. 蓄电池是用铅板制成，不能发电，只能储电。

5. 电解是电流通过溶液中使其分解的现象。

6. 电量单位为库仑，是能由硝酸溶液中析出 0.001118 克的银所需要的电量。

7. 电流的单位为安培，是每秒有 1 库仑的电量流过时的电流强度。

8. 电阻的单位为欧姆，是长 106.3 厘米、横断面积为 1 平方毫米的水银柱对于电流所呈的阻力。

9. 电动势或电势差的单位为伏特，是电阻等于 1 欧姆的导线上有 1 安培的电流通过时，其两端的电势差。

10. 电磁感应是电流通过的导线周围成为磁场的现象。

11. 安培定则可以用来指示电流周围的磁场的方向。用右手握导线，拇指向电流，则其余各指所指的方向，即磁力线的方向。

12. 电路是有电流通过的导体的路径。

13. 线圈是用导线绕成环的形状而成的。

14. 螺线管是用导线绕成圆筒的形状而成的。

15. 线圈或螺线管中有电流通过时，一端成为 N 极，另一端成为 S 极，极的南北由导线的绕法而定。

16. 电磁铁是在螺线管内加铁心造成的，电流通过时成为暂时的磁铁，电流断后，磁性亦即失去，磁力的大小由螺线管所绕的匝数而定。

17. 电铃、电报机、电话机、电流计都是应用电磁铁造成的。

18. 安培计和伏特计都是电流计，不过度数刻成相当的安培数和伏特数罢了。伏特计中的电阻特别大，所以两端的电势差不变。

19. 一块磁铁或有电流流过的线圈，对于第二线圈如产生运动，在第二线圈内即有电流发生，这就是感应电流。

20. 楞次定律是规定感应电流的方向的关系，即感应电流的方向，在造成一个磁极以反抗磁铁或原电流的变动。

21. 原线圈是原电流流过的圈，原电流是其中流过的原电流；副线圈是发生感应电流的线圈，副电流就是感应电流。

22. 感应圈利用感应电流可得势差极大的副电流。

23. 发电机是由电枢在磁极间转动而得大规模电流的器械。

24. 交流电是方向正负相间的电流。

25. 直流电是方向一定的电流。

26. 电动机是发电机的逆用，供给电流，使其发生转动。

27. 电扇、电车都是应用电动机造成的。

28. 电灯是利用电流发生的热使金属丝发光而成的。

29. 电波和光波相似，其波长比光波更长。

30. 无线电报是利用电波的传播以通消息的方法。

31. 无线电话也是利用电波的传播，并加以人声，改变波形，然后传播远处。

问题

1. 设有一个电池，不知何为负极、何为正极时，用何方法可以检出？

2. 用两条铜线连接电池的两极，两端同时放在硫酸铜的溶液内，正极和负极各发生何种现象？

3. 用一条导线连接相当的电阻，然后再连接电池的两极，在导线的上面假如拿一根小磁针，导线内电流的方向是由北而南，磁针的 N 极，应转到什么方向？

4. 在电流通过的导线下面的磁针，如其 S 极偏转西方，导线内的电流方向如何？

5. 假如有一个线圈平放在桌上，送电流使沿顺时针的方向进入其中，线圈中心处的磁力线方向如何？

6. 验电器和电流计有何不同？

7. 将两块锌板浸入硫酸锌的溶液内，送电流使由其中通过，在未通电前及既通电后将两块锌板的重量各测出，由此即可判定电流的方向，是何缘故？

8. 用来做感应圈的副线圈的导线，何以要用细线？

9. 试用楞次定律来说明一块磁铁的 N 极插入线圈内所引起的感应电流和其 S 极插入时所引起的电流，方向正相反。

10. 若将一条导线的一端连接到一个铁锉上，他端沿铁锉面上擦过，

见有细微的电花陆续出现，是何缘故？

11. 比较电话所用的发话器和发电机，有何类似处？听筒和电动机又有何类似处？

12. 电磁铁多用马掌形状，其两端所绕的导线方向彼此相反，是什么缘故？

13. 用一条电铃线和一个电池可以使一枚缝衣针变成一个磁针，并能预先知道何为 N 极，何为 S 极，是何缘故？

14. 利用电解的原理，如何造成一个安培计？

15. 设有一个电池，不知其两极孰正孰负，用一条导线和一个小磁针即可检出，其方法如何？

16. 许多偏远地区的电报线只有一条，电流怎样才能够流过？

17. 电灯点亮时，电灯泡会热，尤其是电灯泡的铜件热得烫手，是什么缘故？

18. 打电话时，常常听见不相干的他人的谈话声，是从哪里来的？

本书小结

环绕着我们的这个世界，实在是一个奇怪的谜。无论你着眼于它的哪一点，都能引起你许多的疑问和兴趣。十岁以上的儿童，就会层出不穷地提出许多问题来，要想得到一个满意的答复。例如，天空中的日月星辰何以会东升西落？大海中的洪涛巨浪何以不能将全世界一扫而空？种子落土何以会发芽？呼吸一停何以便会死去？事象虽然有繁有简，但若详加研究，其间实有一定不易的因果关系。知道了这个因果关系，一切疑问也就不会发生了。研究这种因果关系的科学，就是我们所谓的自然科学。

自然科学的范围异常广泛，待其解决的问题当然甚多。比如花何以不能常好？月何以不能常圆？人何以不能长生不老？真可谓天文、地理、草木、鸟兽，莫不包含其中。就问题的性质上，可将自然科学分作若干门类，以便研究，其中专门关于物质的性质、形状发生变化的一部分，称为物理学。具体地说，就是本书所述的各项问题。由此可知，就是物理学这一部分，也有不少的方面，因此又将物理学分为若干分科。凡能由筋肉的感觉所能接受的，称为力学；凡能由皮肤的接触所能接受的，称为热学；凡能由耳

膜的振动所能接受的，称为声学；凡能由神经的刺激所能接受的，称为光学。此外尚有一部分，因为不能由感觉直接接受，所以发展较迟，但性质甚重要而范围又比较广泛，就是本书第八、第九两章所述的电学和磁学。

上面所说的物理学的分科，完全是以我们的感觉为根据，就由电磁学一科而论，已觉此种分科不甚妥当。

物理学的主旨固然如上所述，在于探求物理现象间的因果关系，用以解决自然界中一部分的疑问。同时利用所得的结果，扩充人类天赋的机能，征服自然的环境。目力所不能达的地方，可用望远镜、显微镜以济其穷；视觉所不及察的地方，可用照片、验温器以补其缺。音响虽微，可用放大器与听筒或放声器配合使其增大；距离虽远，可用电报、电话、无线电等以通消息。水面可用轮船，水底可用潜艇；陆地可用火车、汽车，空中可用飞机。夏季可用电扇、冰箱取凉；冬季可用电炉、暖气取暖。记音留容可用有声影片，照耀黑夜可用电灯。类此的例子数不胜数，都要由物理学的应用得来。物理学和人生的关系密切，不问可知。故欲增进人的幸福，不可不研究物理学。